现代服务管理研究丛书

本书的出版得到教育部人文社科研究项目（21YJC630089）、广州市科技局基础研究计划项目（SL2022A04J01735）和广东财经大学院士专家工作站现代服务管理学科点建设资金资助。

CHENGSHI SHIDI GONGYUAN KECHIXU GUANLI YANJIU

JIYU YOUKE ZIRAN LIANJIE DE SHIJIAO

城市湿地公园可持续管理研究

基于游客自然联结的视角

刘志宏 ◎著

中国财经出版传媒集团

·北京·

序　一

“全球变暖的时代已经结束，全球沸腾的时代已然到来。”2023 年 7 月，联合国秘书长安东尼奥·古特雷斯（António Guterres）发出如此警告。近年来，频发的自然灾害对旅游业可持续发展带来了极大挑战，尤其对于生态属性脆弱的旅游目的地而言，更是如此。当前旅游业的发展已经走到一个重要时刻：如果要解决我们面临的生态危机，就必须改变如今的人类中心主义发展模式。在此背景下，培养和鼓励游客的亲环境行为即成为促进旅游目的地可持续发展的一项重要战略。

本书作者曾在攻读硕博学位期间，赴西班牙巴利阿里群岛和澳大利亚塔斯马尼亚的菲欣纳国家公园进行实地考察，对于中西方的旅游发展尤其是生态旅游发展模式的差异兴趣浓厚，且对此进行了长期跟踪与研究。与西方生态旅游发展模式不同，中国生态旅游发展并未将人类活动与生态环境完全隔离开来，而是更加倾向于自然生态和人文景观的结合，也更为注重游客在自然环境中放松身心、舒缓压力的诉求。因此，对于中国文化背景下生态旅游可持续管理的进一步探讨就成为本书的研究选题来源。

作为本书研究对象的城市湿地公园，是一种特殊的公园类型。它既具有湿地的生态属性，又需要为公众提供游览观光、休闲游憩、科普教育等多种功能。作为人与自然交互行为的频发区，城市湿地公园的保护和利用问题显得更为复杂，亟待解决。我们必须要比以往更加爱护自然环境，而加强人与自然的联结正是重构我们与自然关系的重要路径。本书正是从游客与自然互动产生的“联结”出发进行的以亲环境行为为核心的城市湿地公园可持续管理探究。本书旨在潜入文化的更深层面，深挖中国传统文化视野下人和自然的关系。基于中西方思维方式和文化价值观的差异，作者剖析了中国文化价值观影响下自然联结的结构维度和测量方式，旨在增进对人与自然联结在不同文化、不同学科中的全面理解。

本书以清晰的理论架构对基于游客自然联结视角的城市湿地公园可持续管理进行了系统研究。从社会心理因素的角度出发，关注游客自然联结和亲环境行为以及二者相互作用的过程，发掘游客行为的潜意识反应机制，并从环境伦理的视角，揭示“亲环境身份认同”和“个人规范”在游客自然联结和亲环境行为之间的中介机制。主要论证从游客自然联结的本土化理论构建及量表编制到城市湿地公园游客自然联结对亲环境行为的影响机制，再到基于游客自然联结视角的城市湿地公园可持续管理研究，研究内容层层递进、研究设计逻辑严密。

本书的最初形式，原系作者攻读博士时的学位论文。作者在毕业后仍持续关注湿地旅游“保护和利用”的矛盾，于是再次收集调研数据对概念模型进行更深入的探究，并尝试利用新的管理理论和工具去解决湿地公园发展面临的实际问题。全面关系流管理理论是由林福永教授基于一般系统结构理论提出的一种新的组织设计和管理理论，被列为当前系统论研究发展的代表理论之一。然而，由于旅游系统组成要素的复杂性，该理论在旅游领域的应用寥寥可数。本书在理论模型实证的基础上，基于全面关系流管理定理对影响城市湿地公园游客亲环境行为的全面关系流进行剖析，提出了基于游客自然联结的城市湿地公园可持续管理框架，是对这一基础理论在旅游领域的创新应用与拓展。

因此，本书不仅细致地勾勒出游客自然联结的本土化理论和城市湿地公园游客亲环境行为的形成机制，又基于全面关系流管理理论提供了如何基于游客自然联结视角对城市湿地公园进行可持续管理的框架。在理论上推动了生态旅游可持续管理和城市生态文明建设的相关研究，在实践层面亦值得旅游主管部门和湿地公园管理者阅读，以期为更具创造性地解决实际问题提供思路和方法。

是为序。

梁明珠*
2024 年 5 月于广州

* 梁明珠，暨南大学教授、博士生导师。原暨南大学管理学院旅游系主任，暨南大学旅游规划设计研究院创院院长，暨南大学应急管理研究中心研究教授。自 1984 年开始从事旅游科研工作，是我国最早涉足该领域的学者之一。先后主持和参与国家级、省部级课题和旅游规划课题研究 130 多项。入选 2017 年“中国哲学社会科学最有影响力学者排行榜”。先后获得广东省人文社科优秀成果二等奖、三等奖，广州市科技进步奖二等奖，商务部全国优秀商务成果奖以及多届暨南大学重大科研贡献奖。

序　二

在全球变暖、极端气候事件不断增多的后疫情时代，选择人与自然和谐发展的道路，已经得到广泛共识。人与自然关系的研究不断受到学术界和实践界的重视，“绿水青山就是金山银山”已成为新时代推动旅游业高质量发展的引领理念。然而与旅游实践发展相比，有关人与自然关系的理论探讨仍显滞后，在一定程度上制约着相关的社会实践与行业发展。

本书作者在澳大利亚南澳大学访学期间，曾多次就中西方文化背景、思维方式、对人与自然关系的认知差异以及自然联结概念辨析等主题与我进行过深度探讨。集体主义文化偏好整体思维，个人主义文化偏好分析性思维，本书的实证部分即基于中国整体式思维（holistic thinking）和西方辩证式二元思维（binary thinking）的差异来思考游客自然联结的概念内涵和结构维度。在处理人与自然关系方面，是在对立中二选一，还是在两者间协调出某种可行的关联，是值得思考和探究的重要问题。我们都知道中国传统文化有很好的一面，但是为什么好？好在何处？还需要学术界进行理性的辨析。在人与自然的关系方面，中国古人历来崇尚天人合一，道法自然，追求人与自然和谐共生。他们相信天地万物自有其运行的规则，不断在天与人的内在关联之中寻求生命秩序与价值的根源。作为一个热爱中国传统文化的海外旅游学者，我很高兴看到此书的出版。

本书厘清了当前学术界中人与自然关系的十余个概念，对不同文化背景中和不同学科话语体系下的相关概念进行逐一细致探讨和归纳，让读者了解书中研究概念的来龙去脉，既知其然亦知其所以然。在学术概念辨析的基础上，对游客自然联结进行本土化理论构建和量表编制，基于严谨的量表编制程序得到了游客自然联结的三维度结构（自然认同、情感依附和自然依赖）。随后，构建了城市湿地公园中游客自然联结影响亲环境行为的概念模型，探究二者之间的游客心理影响机制。作者不仅验证了游客自然联结、亲环境行为、个人规范、亲环境身份认同等概念之间的关系，更运用多轮实地调查的数据检验了自然认同、情感依附、自然依赖对游客亲环境行为的影响效应。在概念模型实证检验之后，基于全面关系流管理理论剖析了城市湿地公园亲环境行为形成的全面关系流，总结归纳出游客自然联结视角的城市湿地公园可持续管理框架，以期实现湿地公园管理者所期望的目标。

本书选题契合生态文明建设的现实背景，理论基础扎实，研究设计周密，数据翔实，论证充分且行文流畅。我希望，也相信本书将成为该领域相关研究的重要组成部分，且能够对城市湿地可持续管理实践有所裨益。故不揣谫陋，是为序。

黄松山*

2024 年 5 月于珀斯

---

* 黄松山，澳大利亚伊迪斯科文大学（Edith Cowan University）商务与法律学院旅游与服务营销研究教授、旅游研究中心主任、博士生导师。中国旅游研究国际联合会创会会士、第一副主席，澳中旅游论坛和澳中旅游研究协作中心创始人。担任 *Tourism Management*、*Journal of Travel Research* 等 7 种期刊的编委。发表 200 多篇研究成果，包括 160 多篇英文学术期刊论文、5 部专著、3 部教材、15 部著作中的重要章节和多篇会议论文。其所著的 3 部关于中国旅游研究的著作代表着中国旅游和营销研究的领先研究方向，广受学界好评。身为海外华人旅游学者，非常关注中国旅游学术研究整体水平的提升，尤其重视对中国新生代青年旅游学者的培养。

随着极端天气成为“新常态”，通过重新建立人类与自然的联结来缓解环境危机的观点，得到了学者们的广泛认同。近年来，西方学术界日益重视人与自然之间关系的研究，在概念研究和测量方法方面取得了不少研究成果。学者们从不同的学科视角提出不同术语来定义人与自然的联结。尽管这些术语具有一定相似性，但学者们的研究却相对独立和分散。因此，阐明概念上的重合和交叉对于自然联结内涵的理解至关重要。由于中国社会“天人合一”的传统文化价值观与西方社会基于实证和科学的二元思维方式的根本差异，中西方社会对于人与自然联结的理解也存在本质区别。当前生态文明相关理论日渐受到重视，但国内学术界有关“人—自然”关系的定量研究却刚刚起步，基础理论的滞后在一定程度上制约着生态文明建设的发展。

作为人与自然交互行为的高度频发区，城市湿地公园的可持续管理问题更为复杂。本书立足中国传统文化价值观和旅游发展实践，选取杭州西溪国家湿地公园和广州海珠国家湿地公园为调研地，探索游客自然联结的本土内涵和结构维度，剖析城市湿地公园游客亲环境行为的形成机制，并基于全面关系流的设计原理提出游客自然联结视角下的城市湿地公园可持续管理框架。具体来讲，本书主要内容包括：(1) 游客自然联结的本土化理论构建及量表编制。按照量表编制的标准程序，采用文献研究法、深度访谈法、焦点小组访谈法生成中国文化情境下游客自然联结的初始测量项目，通过在西溪国家湿地公园开展问卷调查进行初步研究、正式研究和中西方量表对比，最终编制和验证了一个包括12个测量项目的游客自然联结量表，分属于自然认同、情感依附和自然依赖3个维度。(2) 城市湿地公园游客自然联结对亲环境行为的影响机制模型构建，检验游客的亲环境身份认同和个人规范在二者之间的中介效应。结果表明，游客自然联结正向显著影响亲环境行为，亲环境身份认同和个人规范在游客自然联结和亲环境行为之间分别起部分中介作用。(3) 城市湿地公园游客自然联结维度对亲环境行为维度的影响效应。研究发现，游客自然联结的3个维度通过亲环境身份认同和个人规范对亲环境行为的影响作用并不相同。其中，自然认同和自然依赖分别正向显著影响个人规范、亲环境身份认同和一般亲环境行为；情感依附正向显著影响个人规范；亲环境身份认同正向显著影响一般亲环境行为；个人规范正向显著影响特定亲环境行为。(4) 基于游客自然联结视角的城市湿地公园可持续管理研究。以全面关系流管理理论为指导，聚焦于游客亲环境行为全面关系流的设计、建立和维护，提出基于游客自然联结视角的城市湿地公园可持续管理框架。

本书具有重要的理论意义和实践意义。在理论方面，游客自然联结的理论构建和量表编制，推动了本土人与自然关系理论和城市生态文明建设理论的发展。从人与自然互动和环境伦理的视角，揭示游客自然联结影响亲环境行为的内在作用机制，突破了传统理论中环境行为发生机制的依赖，实现了自然联结理论、身份认同理论及价值—信念—规范理论的跨学科融合。在管理实践上，能够为城市湿地公园的可持续管理、游客行为治理以及生态文化价值观的培育提供可借鉴的经验。

在本书撰写过程中，刘少和教授和殷进博士给予了诸多建议，杭州市西溪国家湿地公园游客接待中心的吴燕总经理和谢瑞君女士及广州市海珠区湿地保护管理办公室的蔡莹主任、郭燕华主任和何玉嫦女士在实地调研环节给予了大量帮助，经济科学出版社的初少磊老师、尹雪晶老师为本书的策划和审校付出了大量心血，在此向他们表达由衷的感谢！

目　录 / *Contents*

绪 论

1.1 研究背景

1.1.1 为何关注湿地公园?

湿地被誉为“地球之肾”，与森林、海洋并称为全球三大生态系统。《关于特别是作为水禽栖息地的国际重要湿地公约》（以下简称《湿地公约》）把湿地定义为“不论其为天然或人工、长久或暂时性的沼泽地、湿原、泥炭地或水域地带，带有静止或流动的淡水、半咸水或咸水体，包括低潮时水深不超过6米的水域”。湿地覆盖地球表面的比例仅占6%，却能够为地球上20%的物种营造生存的环境。作为自然界生产力最高、生物多样性最为丰富的生态系统之一，湿地不仅起到调蓄洪水、保护海岸线、维护和改善生态环境质量的重要作用，还承担着维持人类生计的重要功能，包括湿地渔业、水稻种植以及生态旅游等，对人类生活至关重要。

中国自1992年加入《湿地公约》以来，不断加大立法保护、科研监测、科普宣传、国际合作等力度，把重要湿地纳入生态保护红线，全面推进湿地的保护修复工作。2022年6月1日，我国首部湿地保护方面的专门法律——《中华人民共和国湿地保护法》正式实施，这是我国首次针对湿地保护进行立法，意味着湿地保护重要性的再次提升。当前，中国自然湿地面积不断增多，湿地修复面积持续扩大，湿地保护与可持续利用已成为我国生态文明建设的重要内容，亦是“绿水青山就是金山银山”理念的生动实践。2023 年世界湿地日的主题为“湿地修复”，湿地的保护修复工作迫切需要全球各个国家的共同行动。2024 年世界湿地日的主题为“湿地与人类福祉”，强调人与湿地生命交织，全球湿地的健康状况对人类的福祉至关重要。截至 2022 年，中国已建立 602 处湿地自然保护区、1600 余处湿地公园和为数众多的湿地保护小区[①]。截至 2023 年 2 月，我国共有国际重要湿地 82 处，总面积 764.7 万公顷，居世界第四位；获得认证的国际湿地城市 13 个，居世界第一[②]。湿地在旅游利用中占有重要地位，大量的湿地被纳入国家湿地公园和城市湿地公园。

湿地公园以其丰富的生物多样性和独具特色的自然景观，已成为城市居民和游客的重要旅游目的地。满足游客需要的可持续湿地旅游开发可极大地促进湿地的可持续利用（Galley & Clifton，2004）。遗憾的是，由于对湿地生态系统重要性的认识不足，在全球范围内，湿地生态系统都遭受了严重破坏。世界上近 90% 的湿地已经退化或丧失，湿地丧失的速度是森林的 3 倍。[③] 湿地保护仍然面临严峻问题和挑战，湿地保护意识还未完全深入人心。至今许多湿地还被看作“荒地”而被非法占用，湿地的价值和功能还并未得到大众广泛的了解。当前，旅游的快速介入导致湿地保护和利用的矛盾日益凸显，湿地面积减少、动植物物种的生存受到威胁、生态系统退化、生物多样性遭到破坏、旅游容量超载、旅游经济发展失衡等问题不断涌现，严重威胁着湿地的生态安全（García et al.，2015；Cheng et al.，2013；Liu et al.，2018）。其中，旅游者对环境实施的不当行为是造成生态环境破坏的重要原因（蔡礼彬和朱晓彤，2021）。如今，迫切需要提高全球对湿地的认识，以阻止和扭转湿地的迅速丧失，并鼓励采取行

---

① 中华人民共和国国际湿地公约履约办公室. 中国国际重要湿地生态状况白皮书［R］. 2022.

② 国家林业和草原局，国家公园管理局. 修复湿地　中国发挥重要作用［EB/OL］.（2023-02-06）. https://www.forestry.gov.cn/c/www/sdzg/40898.jhtml.

③ 2023 年 2 月 2 日世界湿地日国际湿地公约秘书长穆桑达·蒙巴在中国杭州主场宣传活动（湿地修复）上发表的讲话。

动，恢复和保护这些重要的生态系统。

国家湿地公园是我国湿地保护修复的创新实践和重要抓手。与一般性质的公园相比，湿地公园的主体定位是保护湿地生态系统，同时可开展科普宣教、生态旅游、生态养殖等合理利用活动。国家林业和草原局统计数据显示，全国湿地公园有效保护了 240 万公顷湿地，累计带动区域经济增长超 536 亿元，带动就业 4.7 万人。2019 年，国家湿地公园接待游客量高达 3.85 亿人次。《2030 年可持续发展议程》中提出了 17 项可持续发展目标，呼吁所有国家促进经济发展的同时保护地球环境，湿地旅游的蓬勃发展亦是对联合国可持续发展目标（Sustainable Development Goals，SDGs）的响应。

1.1.2　为何关注游客与自然的联结？

人类社会从农业文明进入工业文明之后，科技的迅猛发展推动了社会生产力的大幅度提高，人类改造自然的能力越来越强。“人类中心主义”的价值观应运而生，人是一切的中心和万物的尺度，一切活动都是以人类的价值和利益诉求为出发点。人类对自然资源掠夺式的盲目开发逐渐引发人与自然关系的恶化，生态环境遭受的破坏愈演愈烈。2023 年全国平均气温为 1951 年以来历史最高（国家气象局，2024），且极端天气频发，气候异常凸显，直接威胁着地球的健康和人类社会的生存与发展。以前我们认为环境问题可以通过科技的发展来解决，随着科技手段的进步，新的环境问题不断涌现，如温室效应、大气污染、海洋污染、湿地、森林面积的不断锐减，生物多样性在以前所未有的速度消失。人类的生存环境也随着自然环境的破坏而不断恶化，消费主义、物质主义和享乐主义的盛行，使得人们的生活节奏不断加快，生存压力和精神压力越来越大，人们的精神生态也出现了失衡，亚健康人群的数量急剧增加。

面对当今充斥着的多种环境问题，人类与自然重新建立连接来缓解环境问题的观点，逐渐被提上日程。亲生命性假说（the biophilia hypothesis）认为，人类天生具有从属于自然，并与自然相联系的需求（Wilson，1984；

Kellert & Wilson，1993）。大自然为人类寻求与自然、他人互动的体验提供了重要的场所，给人们带来生理和心理上的好处。现代化的城市把人类与户外的自然环境隔离开来。与过去的人类相比，工业化时代的人们在身体上和心理上与自然的连接程度更弱（Shepard，1996）。有学者指出，人类要做到真正地关注环境问题，首先要重新定义自己与自然的关系（Tacey，2000）。只有对人与自然的关系进行深入的再思考，改变人们对自然的思想观念，才能从根本上保护环境。

中国先秦时代儒家、墨家、法家等诸子百家对社会政治、伦理道德和人生理想等的价值观念给予了高度关注，却忽视了大自然的价值问题。无独有偶，文艺复兴以前的欧洲亦是如此，人文主义者不研究自然，甚至把对自然的研究与人文科学对立起来，结果导致了在文艺复兴时期，新的自然观只能寻求人文科学以外的发展途径（赵敦华，2000）。造成这种情况的根源在于未能正确认识人类与自然的关系以及人在自然中的地位。美国著名生态学家和环境保护主义先驱利奥波德（Leopold，1949）曾指出，人类之所以滥用土地，是因为我们把土地当作从属于自己的商品。只有我们把土地视为我们所隶属的社群，我们才有可能在使用土地的时候心怀热爱和尊敬。

在经历农业文明和工业文明之后，人类社会已经进入了生态文明时代（Morrison，1995）。生态文明是继工业文明之后，人类社会发展的一种全新文明形式（Morrison，1995）。生态文明的提出，标志着人类社会与自然界的关系上升到了更高的程度。生态文明与工业文明的核心价值观存在着本质差异，它以自然价值作为核心价值观，不仅认为人有价值，自然界也同样具有价值。生态文明的实质就是要重塑人类与自然的和谐关系（吴合显等，2015）。克伦纳等（Crenna et al.，2014）认为，要解决当前的生态危机，必须抛弃工业文明追求盈利的运营体制，改变这一运营体制在大众观念中的观念和反应。对于人和自然关系的探索，对于保持生态系统的平衡、缓解二者的紧张关系、实现人类社会和大自然的可持续发展有重要的借鉴意义。处在自然环境或自然情境中（如公园），能够给人们带来恢复性的体验（Davis et al.，2009），缓解压抑、烦恼、孤独、焦虑和压力，增强认知意识和幸福感（Hartig et al.，1991）。与此同时，人们对自然的来访给自然环境带来了很大的压力，研究者和实践者们要不断探求保护自然资源的方法。遗憾的是，人们对环境问题的态度和自身的行为并不总是一致的。有学者指出，尽管人们逐渐意识到环境问题的存在，以及人类活动是这些环境问题的主要原因，还是不能经常做出保护环境的行为（Bamberg & Moser，2007；Dunlap & Scarce，1991；Howell & Laska，1992；Kollmuss & Agyeman，2002）。在过去几十年里，环境心理学和环境管理领域的研究者们力求理解环境意识和亲环境行为的不一致。尼斯贝特等（Nisbet et al.，2009）指出，增加人与自然的联系能够缩小态度和行为的差距，把人们对环境的关切转变为对环境有利的行为。在中国湿地生态旅游管理实践中，如何寻找和自然打交道的最佳方式，是值得深思的重要问题。

1.1.3　为何关注城市湿地公园的可持续管理？

随着人类与自然关系的不断紧张，自然生态环境的可持续发展已成为一个备受关注的全球性问题，世界各国对生态问题和环境问题的关注程度不断提高。最初广泛引起大众关注环境问题的标志性事件，是 1962 年美国生态学家蕾切尔·卡逊（Rachel Carson）所著的《寂静的春天》（*Silent Spring*）的出版发行。书中对于环境危机的思考，引起了美国从总统、国会到各个阶层民众对环境污染的关注。该书为整个人类社会敲响了警钟，呼吁人们关注环境污染，因此被看作是全世界环境保护事业的开端。“控制自然”是妄自尊大的想象产物，是生物学和哲学发展还处于低级阶段的产物（Carson，1962）。如果人类不反思对待自然的态度，再好的科学技术也不能解决已经出现的生态危机。全球变暖、空气污染、水资源短缺、噪声污染等问题给生态环境的可持续发展带来了严重的威胁（Steg & Vlek，2009）。为了抑制环境恶化的趋势，自然环境应该受到保护（Oskamp，2000）。

生态文明建设作为重塑人类与自然和谐关系的重要举措，已成为新时代背景下的国家战略选择。2007 年 10 月，“生态文明建设”的理念在党的十七大上首次被明确提出。2012 年 11 月，党的十八大作出“大力推进生态文明建设”的战略决策，将“生态文明建设”确立为基本国策，融入政治建设、文化建设、经济建设和社会建设中。2015 年 4 月，《关于加快推进生态文明建设的意见》从政策上提出了“加大自然生态系统和环境保护力度，切实改善生态环境质量”的要求。紧随其后，2015 年 9 月《生态文明体制改革总体方案》出台，从顶层战略上为我国生态文明领域的改革进行了设计。这些国家层面的战略性规划对生态旅游资源的合理利用提出了“全面、协调、可持续”的科学发展要求，体现了国家对生态文明建设和生态环境保护的关注和重视。直至 2024 年，政府仍不断积极推进在自然保护、生态治理、绿色低碳、环境管理等方面的生态文明建设实践。自然生态保护和旅游发展之间长期存在着复杂的关系。与传统产业相比，旅游业由于资源消耗少、环境污染较小、关联度高等特点，被称为资源节约型、环境友好型产业。旅游特别是生态旅游，与生态文明的终极目标在本质上应该是一致的，但由于理论与实践的差异、行为主体的功利性以及制度设计存在局限等原因，旅游发展过程与环境保护以及资源的可持续发展等目标之间出现了冲突与矛盾。生态旅游强调环境的可持续发展，亲环境行为则是一种环境保护的内在机制（Chiu et al.，2014），有助于避免旅游活动对生态环境的破坏。

城市湿地公园指纳入城市绿地系统规划范围并可作为公园的天然湿地，通过恰当的开发和保护形成的集生态保护、科普宣传、休闲娱乐等功能于一体的公园（蒲苑君等，2023）。它通常位于城区或邻近城区，受到城市生态系统、经济发展水平以及社会文化形态等诸多因素的影响（刘世博，2021）。城市湿地公园的建设有利于恢复城市湿地生态系统多样性和城市湿地资源的开发利用。与其他类型的城市公园相比，城市湿地公园具有更为广泛的价值，如生态价值、人文价值、经济价值、生物多样性保护价值等。作为城市里的“湿岛”，城市湿地公园具有与人居环境共生的特征和不可替代的生态功能，同时也存在更为尖锐的“保护”与“发展”之间的矛盾（滕熙等，2020）。作为人与自然交互行为的频发区，公众对城市湿地公园生态观光、文化宣传、休闲游憩、科普教育、科学研究等功能的要求更高，因而需要更加严密的保护和利用措施。与其他湿地类型相比，城市湿地公园的生态属性相对较弱，更容易受到城市化进程中土地利用变化的干扰和人类活动的干扰。这一独特性使得城市湿地公园的保护和利用成为一个更为复杂而亟待解决的问题。当前，城市湿地已经成为消失最快的生态类型。如何在保护湿地生态系统的前提下对城市湿地公园进行可持续管理，让城市湿地公园成为群众共享的绿色空间，已成为学界和实践管理者亟须思考的重要问题。

1.2　研究问题

1.2.1　中国本土文化情境下，游客与自然是如何产生联结的？

全球生态环境的持续恶化，使得保护自然环境的呼声不断高涨。人类要做到真正关注环境问题，前提便是重新定义人类与自然之间的关系（Tacey，2000）。亲生命性假说（Wilson，1984；Kellert & Wilson，1993）指出，人类天生具有从属于自然，并与自然相联系的需求。关注人与自然的联系，重新连接人类和自然，有助于缓解环境危机，对于保护自然和改善生态环境质量具有重要意义。从1999年起，西方学术界提出不同的术语来描述人类和自然的关系，如自然情感依附（Kals et al.，1999）、环境身份（Calyton，2003）、自然关联性（Mayer & Frantz，2004）、自然关联倾向（Brügger et al.，2011）、自然的连接性（Dutcher et al.，2007），并提出相应的测量方法。

中西方文化价值观和意识形态的差异，使得个体对于人与自然联系的理解存在明显区别。“天人合一”和“人与自然和谐共生”是中国传统文化最基本的哲学思想，也构成了中国人的思维方式，西方社会的思维方式则是基于实证和科学的二元思维。中西方对待自然的基本意识形态是不同的，中国文化倾向于认为人类和自然是一个有机统一的整体，而西方文化倾向于人类和自然的分离。当前生态文明相关理论日渐受到重视，但是关于“人—自然”关系的定量研究却刚刚起步。基础理论的滞后和缺位在一定程度上制约着生态文明体制的改革。由于意识形态和文化价值观的差异，西方学界的理论用于指导本土研究出现诸多适用性问题。因此，有必要对自然联结进行本土化研究，探索中国文化背景下的群体与自然环境的联系。本书立足中国传统文化和中国旅游发展实践，选择城市湿地公园为案例地，探索游客自然联结的内涵和维度构成，并尝试开发适用于中国文化背景和旅游情境的游客自然联结测量量表。

1.2.2 游客与自然的联结如何促进城市湿地公园游客亲环境行为的形成？这一过程的作用机制是怎样的？

通过重新建立人类和自然之间的联结，可以缓解众多环境问题。自然联结已被指出是亲环境行为的关键前置变量，强调人们与自然之间的联结，会影响人们的环境行为。那么，在城市湿地公园旅游情境中，受中国文化价值观影响的游客自然联结是如何促进亲环境行为形成的呢？培养和鼓励游客的亲环境行为是促进旅游目的地可持续发展的一项重要战略。政策制定者经常通过提供外在刺激鼓励人们做出亲环境行为，但这些外在刺激真的总是有用吗？有研究表明，即使没有外在的奖励刺激，有些人仍然做出亲环境行为，还有些人即使需要付出较高的成本和较多的精力，依然会做出亲环境行为（Steg et al.，2014）。当人们受到内在因素的驱动时，人们行为的动机便不再与外在的激励有关（Frey，1997）。那么，在亲环境行为的形成过程中，人们是如何受到个体内在因素的驱动，而表现出亲环境行为的呢？

在游客自然联结对亲环境行为的影响路径中，个体与自然的联结和归属感，使得个体具有“生态身份”或“生态自我”，从而影响游客对自身环境身份的认知，促使游客实施亲环境行为的道德责任感的形成，进而使个体表现出亲环境的行为倾向。个体在多大程度上认为自己属于会做出亲环境行为的人，个体感受到实施亲环境行为的道德责任感的强弱，对于个体的亲环境行为具有重要的作用。本书拟解决的第二个问题，是研究城市湿地公园旅游情境中游客的自然联结对亲环境行为的影响路径，以及个体内在因素在二者之间的中介机制。

1.2.3　游客自然联结的三个维度分别如何通过个体内在因素影响城市湿地公园游客的亲环境行为？

相对于在人造环境中的人们，经常接触大自然和生态系统的游客更倾向于具有保护环境的态度并表现出亲环境行为。现有研究显示，自然联结和亲环境行为可能是多维度的概念（Ramkissoon et al.，2013；Tam，2013；Vaske & Kobrin，2001）。对于自然联结的不同维度，在游客亲环境行为形成过程中所发挥的作用是否相同，哪个维度对亲环境行为的影响效应更大？对于亲环境行为的不同因子，自然关联性不同维度的预测作用又有何区别？本书拟解决的第三个问题，是在对游客自然联结进行本土理论构建和量表编制的基础上，详细剖析游客自然联结的三个维度在游客亲环境行为形成过程的差异化影响，即自然联结的三个维度分别如何影响游客对自身环境身份的认同和道德责任感，并进一步对亲环境行为产生影响。对于亲环境行为的不同因子，亲环境身份认同和个人规范的影响效应是否相同？

1.2.4　如何培养和提升城市湿地公园游客的亲环境行为？基于游客自然联结视角的城市湿地公园可持续管理是否存在科学的管理框架？

明晰游客自然联结对亲环境行为的影响及其作用机制，对于鼓励和促进人们的亲环境行为具有重要意义。尽管有学者已经提出加强人与自然的联结能够提升环境保护行为，但对于湿地旅游具体实践和城市生态文明建设而言，所提出的策略和建议过于笼统，缺乏针对性和操作性。本书拟解决的第四个问题，是在概念模型验证的基础上，根据游客自然联结、亲环境身份认同、个人规范和亲环境行为之间的作用机制，结合全面关系流管理理论包含的设计原理，对实现城市湿地公园游客亲环境行为的全面关系流进行恰当的设计，并归纳总结游客自然联结视角的城市湿地公园可持续管理框架和治理路径。

1.3 研究目的

本书按照“明确结构维度→构建概念模型→揭示中介机制和影响效应→总结管理框架”的认知逻辑展开。聚焦人与自然交互行为频繁的生态景区——城市湿地公园，从游客与环境交互的视角，尝试构建游客自然联结影响城市湿地公园游客亲环境行为的理论分析框架。首先，立足中国古代传统哲学思想和旅游发展实践，以西溪国家湿地公园为调研地，编制本土化的游客自然联结量表，明确其维度结构和测量项目。其次，从概念层面上，引入社会心理学中反映个体内在因素的两个重要概念“亲环境身份认同”和“个人规范”，探索二者在游客自然联结和亲环境行为之间的作用机制。再次，从维度层面上，探索游客自然联结维度对亲环境行为维度的影响路径，并检验“亲环境身份认同”和“个人规范”这两个变量分别在游客自然联结维度和亲环境行为维度之间的影响效应。最后，在全面关系流管理理论指导下，对城市湿地公园游客亲环境行为全面关系流进行分析，总结游客与自然联结视角的城市湿地公园可持续管理框架。

1.4 研究意义

1.4.1 理论意义

（1）本书的研究将在一定程度上推动本土人与自然关系理论的发展。本书立足中西方文化价值观和意识形态的差异，基于中国传统文化中有关“天人合一”“人与自然和谐相处”的哲学观念，通过严谨的实证研究方法，尝试构建符合中国文化背景的游客自然联结测量量表。从理论上探索人与自然和谐关系建构的途径，深化了对人与自然生命共同体的规律性认识，丰富和促进了当前学术界对自然联结概念和维度的理论研究，推进了中西方理论研究的对话。

（2）本书从人与自然互动联结的视角，详细完整地揭示城市湿地公园游客自然联结和亲环境行为的逻辑关系，推动了新时代背景下城市生态文明建设理论的发展。该视角打破了计划行为发生机制的束缚，扩展了以往对计划行为理论和价值—规范—信念理论等环境行为发生机制的依赖。从社会心理学和环境心理学的角度，把“个人规范”和“亲环境身份认同”引入模型，揭示游客与自然的联结对亲环境行为的影响机制，实现了身份认同理论、规范理论与亲环境行为研究的跨学科融合，拓展了对亲环境行为影响因素的研究，弥补了现有文献中较少关注人与自然环境互动对亲环境行为影响的不足，为理解亲环境行为的形成过程提供了完整的理论视角。

（3）本书基于全面关系流管理理论包含的设计原理，以城市湿地公园游客亲环境行为管理为具体问题，剖析概念模型中研究变量的内部关系流与系统行为之间的关系和规律，归纳总结游客自然联结视角的城市湿地公园可持续管理框架，为旅游景区的可持续管理提供了新的理论视角和科学的管理模式。

1.4.2　实践意义

（1）对于游客自然联结的本土化研究，能够为城市湿地公园管理者进行生态资源管理提供精准的维度指标，有效促进城市湿地公园的生态文明建设。对自然联结内涵的正确认识，一方面使得景区管理者正确认识人与自然两个主体的关系，既不能为了短期经济利益成为狭隘的“人类中心主义者”，也不能一味保护旅游资源和生态环境而成为一个极端生态中心主义者；另一方面能够使管理者明晰生态文明建设在城市湿地公园发展和管理中的途径，遵循以自然为本的生态文明理念，树立“人与自然和谐相处”的目标，实现旅游发展与生态文明建设互惠互利的良性循环。

（2）对城市湿地公园游客亲环境行为及其影响机制的研究，识别游客自然联结不同维度对亲环境行为维度预测作用的差异，对于公共管理部门、城市湿地公园和游客都具有重要的现实指导意义。从公共管理角度来看，能够为相关部门构建全社会共同参与的城市湿地可持续环境治理体系，营造全社会珍爱湿地的良好氛围。从城市湿地公园角度来看，能够为管理者评价、培育与引导游客亲环境行为，制定游客行为管理干预政策提供实践依据。从游客的角度来看，有利于人们更清晰地认识和理解个体与自然的联系以及亲环境行为的影响因素，从而培育更好的生态文化价值观，并积极规范自身行为。

（3）游客与自然联结视角下的城市湿地公园可持续管理框架，为景区管理者提高管理绩效提供了新的视角和思考框架。在目的地的管理实践中，旅游者的环境行为对目的地可持续发展起着至关重要的作用。以游客亲环境行为管理为具体问题，运用全面关系流管理理论中的层级、演化逻辑和全面关系流设计原理进行的分析，能够帮助湿地公园管理者构建科学的管理知识和体系，并有效指导城市湿地公园可持续管理的具体实践。

1.5 研究方法与技术路线

1.5.1 研究方法

1. 文献研究法

本书的文献检索主要来自 ScienceDirect/Elsevier、Web of Science、Taylor & Francis、EBSCO、Emerald、ProQuest、中国知网（CNKI）和 Google Scholar 等数据库和搜索引擎。笔者参考了大量与研究选题密切相关的国内外学术研究成果。文献研究法贯穿于整个研究中，包括对国内外相关文献的梳理与评价、概念模型的构建、研究方法的借鉴以及研究结果的解释和推理等。

2. 深度访谈法

深度访谈法（in - depth interview）主要用于游客自然联结的量表开发阶段。立足中国传统文化价值观和中国旅游的现实情境，选取若干名具有湿地公园旅游经历的受访者分别进行深度访谈，主要针对游客自然联结的内涵、维度及测量项目，以确定在文献研究之外，是否存在单独存在于中国文化情境中的测量项目。每个被访者接受约为 30 分钟的半结构式访谈。研究者根据访谈提纲对受访者进行提问，必要时可进行追问以获得更详细的答案，但要保持绝对中立的立场，不能询问具有诱导性的问题。

3. 焦点小组访谈

焦点小组访谈（focus group）主要用于游客自然联结和亲环境身份认同的量表开发阶段。在文献分析和深度访谈法得到测量项目的基础上，笔者分别组织了两轮由 8 人参加的焦点小组访谈。第一轮小组成员主要是具有旅游研究背景的硕士生和博士生，第二轮小组成员主要为具有湿地公园旅游经历的游客。焦点小组访谈主要用来评价、确认和优化经由文献分析和深度访谈法生成的测量项目。

4. 问卷调查法

本书主要通过问卷调查的方法获取数据，调研过程分四次展开。第一次为在线调研，随机选取 30 名具有城市湿地公园游览经历的游客判断游客自然联结测量项目的内容有效性。第二次为实地调研，调研地点为西溪国家湿地公园，由湿地公园管理委员会的工作人员和志愿者向游客发放调查问卷。本次发放问卷 150 份，有效问卷 115 份，收集的数据用于游客自然联结量表编制的初步研究。第三次大规模的实地调研亦在西溪国家湿地公园开展，与湿地公园管理委员会商定之后，研究者带领 5 名调查员以湿地公园志愿者的身份，统一着装进入景区向游客发放问卷。本次发放调查问卷 900 份，回收 852 份，获得有效问卷 666 份，收集的数据用于游客自然联结量表编制的正式研究和概念模型的检验。第四次大规模的湿地调研在海珠国家湿地公园开展，研究者带领 7 名调查员和 2 名湿地公园志愿者向游客发放问卷。本次发放调查问卷 550 份，回收 520 份，获得有效问卷 486 份，收集的数据用于检验游客自然联结维度对亲环境行为维度的影响效应。

5. 系统论分析方法

系统论分析方法为城市湿地公园的可持续管理提供了一个新的视角。系统论的方法认为，系统是由相互作用的若干组成部分结合而成，具有特定功能的有机整体，且其结构和行为受到外部环境的作用。根据全面关系流管理理论，管理者要做的是设计恰当的关系流和输入流。本书通过对城市湿地公园游客亲环境行为全面关系流设计，归纳总结游客与自然联结视角的城市湿地公园可持续管理框架。

1.5.2 技术路线

本书的技术路线和主要研究过程如图 1-1 所示。

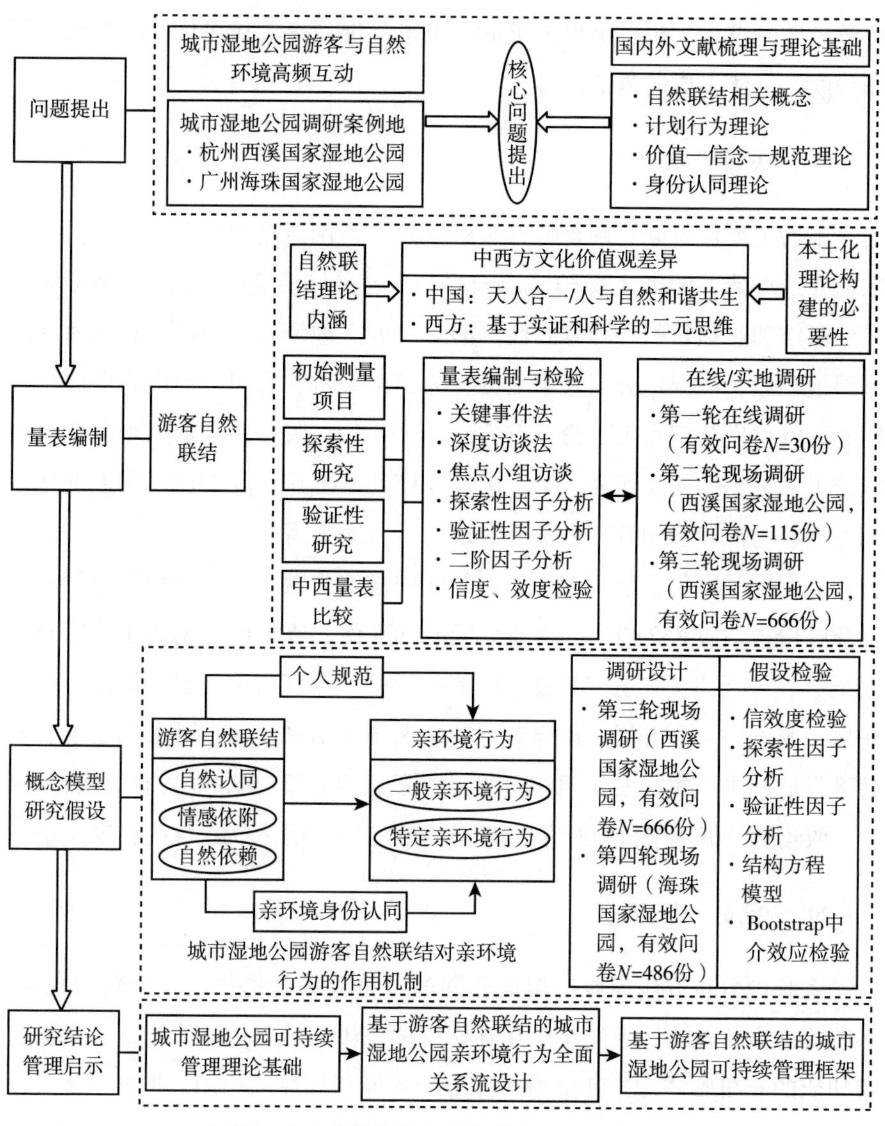

图 1-1 本书的技术路线和主要研究过程

第2章 文献综述和理论基础

2.1 人与自然联结研究进展

2.1.1 自然联结的概念

通过重新连接人类和自然有助于缓解环境危机的观点，可以从不同学科的理论得到支持。自然联结是生态心理学研究的一个核心主题（Tam，2013）。罗斯扎克（Roszak，1995）认为，修复人类与自然间疏离关系的一个有效途径就是使人类的自我认同感包含人与自然的互惠关系。在生态学中即有“生态自我”（ecological self）的概念（Bragg，1996）。人类学的研究也显示人与自然亲密关系的重要性。巴莱特（Barlett，2008）曾指出，自然曾经是奇迹、敬畏和精神升华的源泉，但在现代社会中仅仅成为了科学研究的一个对象而已。因此，我们需要重新建立与自然的联系。在环境学领域，自然联结也受到了广泛的关注。比如，2010年在玻利维亚举行的世界气候变化大会提出的《世界地球母亲权利宣言》，强调自然是人类归属的一个社群，人类和自然不应是相互分离而应是相互依赖的。近年来，自然联结这一概念已受到环境心理学界的日渐关注，并认为自然联结在缓解环境问题上起重要作用（Mayer & Frantz，2004；Tam，2013）。学者们提出了不同术语来描述人类和自然的联结关系。虽然这些概念具有相似性，但有关研究却相对分散和独立。

（1）卡尔斯等（Kals et al.，1999）最早引入“自然情感依附”（emotional affinity toward nature，EATN）这一概念，指热爱自然和与自然合而为一的情感倾向，并开发了一个包括16个题项的量表。他们指出，以往只集中于环境知识或环境问题的认知信念，忽略情感作用的理论，无法充分解释环境行为。而自然情感依附感，强调了与自然连接的情感层面，可有效预测个人的生态行为和支持环境运动的意愿。（2）另一个强调情感作用的概念是梅耶和弗朗茨（Mayer & Frantz，2004）提出的“自然关联性”（connectedness to nature，CTN），指人们情感上感觉到与自然相联系及归属于自然社群的程度。值得注意的是，佩林和贝纳西（Perrin & Benassi，2009）对CTN是否测量情感性提出了质疑，并指出CTN实质上测量的是认知信念。（3）阿隆等（Aron et al.，1991）认为，当个体感觉与另一个人产生关联时，就会产生一个自我知识结构和对方知识结构重叠关系的认知图。在阿隆等（1991）的基础上，舒尔茨（Schultz，2001）提出了“纳自然于自我”（nclusion of nature in self，INS）的概念，指个人把自然的知识结构纳入自我概念的认知程度。（4）拉斯布尔特（Rusbult，1980）的相互依赖理论（interdependence theory）认为对关系的另一方越依赖，感受到对另一方的承诺就越强。戴维斯等（Davis et al.，2009）认为人类和自然是相互依赖的，自然的健康与人类的幸福是相辅相成的，人类依赖自然，因而也感受到对自然的承诺，并提出了“对自然的承诺”（commitment to nature，COM）的概念，指对自然界的心理依恋和长期定位。以上四个概念是单维度的，分别揭示了人类与自然关系的一个特定方面（如认知表征、情感联系或关系承诺）。（5）杜彻等（Dutcher et al.，2007）提出与“自然的连接性”（connectivity with nature，CWN）的概念，指人们对自身、他人和自然界在本质上属于同一社群的主观体验。然而，他们并未指出这种主观体验是认知性的（INS）、情感性的（CTN或EATN）还是其他类型的。（6）珀金斯（Perkins，2010）提出了“对自然的关爱”（love and care for nature，LCN）的概念，指人类与自然之间明确的情感关系。下面的2项研究认为人与自然的联结在概念上是多维度的。（7）克莱顿（Clayton，

2003）提出“环境身份”（environmental identity，EID）是人们形成自我概念的一部分，指基于经历、情感依恋和相似性的一种与非人类的自然环境的联系感和一种关于环境重要性的信念。其中，这种联系感影响人们在世界上的感知和行动，而这种信念认为环境是重要的，且环境形成了我们自我概念的重要部分。（8）另一个多维度的概念是“自然相关性”（nature relatedness，NR）。尼斯贝特等（Nisbet et al.，2009）认为自然相关性指个体对我们与地球上其他生物相互关联性的理解和欣赏。（9）舒尔茨等（Schultz et al.，2004）认为，人与自然的关联是内隐的，存在于意识和知觉之外，提出“内隐自然关联性”（implicit connections with nature）的概念，指个体认为自己属于自然的一部分的程度。（10）布鲁格等（Brügger et al.，2011）提出“自然关联倾向”（disposition to connect with nature），包括个体与自然联结的行为和对自然的欣赏，并将其视为基于人们评估性反应的一种态度。黄向和宋慧敏（2022）提出“自然依恋”的概念，指与自然氛围形成的特殊人地情感联系（见表2-1）。

表2-1　自然联结的相关概念

概念术语	定义
自然情感依附（emotional affinity toward nature，EATN）	热爱自然和与自然合二为一的情感倾向
纳自然于自我（inclusion of nature in self，INS）	个人把自然的知识结构纳入自我概念的认知程度
内隐自然关联性（implicit connections with nature）	个体认为自己属于自然的一部分的程度
环境身份（environmental identity，EID）	基于经历、情感依恋和相似性的一种与非人类的自然环境的联系感和一种关于环境重要性的信念。其中，这种联系感影响人们在世界上的感知和行动，而这种信念认为环境是重要的，且环境形成了我们自我概念的重要部分
自然关联性（connectedness to nature，CTN）	人们情感上感觉到与自然相联系及归属于自然社群的程度
自然连接性（connectivity with nature，CWN）	人们对自身、他人和自然界在本质上属于同一社群的主观体验

续表

概念术语	定义
对自然的承诺 （commitment to nature，COM）	对自然界的心理依恋和长期定位
自然相关性 （nature relatedness，NR）	个体对我们与地球上其他生物相互关联性的理解和欣赏
对自然的关爱 （love and care for nature，LCN）	人类与自然之间明确的情感关系
自然关联倾向 （disposition to connect with nature）	个体与自然联结的行为和对自然的欣赏
自然依恋	自然氛围与人之间存在着的一种特殊的依赖关系

形成以上众多概念的原因可能是，当研究者提出新概念的同时，并未检验与其他已提出的自然联结概念的异同。比如，杜彻等（Dutcher et al.，2007）在提出 CWN 概念时，并未检验 CWN 与 EATN、INS、EID 或 CTN 之间的关系。当尼斯贝特等（Nisbet et al.，2009）提出 NR 概念时，也没有检验与其他已存在的概念和测量方法。总结以上概念，可以发现学者们使用不同的术语，强调人和自然产生联系的不同方面，包括认知表征、情感关系、对自然的承诺和体验感等。

2.1.2 自然联结的测量和研究进展

1. 自然联结相关概念的测量

学者们开发了不同的量表来测量自然联结的相关概念（见表 2－2）。卡尔斯等（Kals et al.，1999）开发了一个包括 16 个题项的量表来测量“自然情感依附”的概念。他们指出，以往只集中于环境知识或环境问题的认知信念，忽略情感作用的理论，无法充分解释环境行为。自然情感依附感，强调了与自然连接的情感层面，可有效预测个人的生态行为和支持环境运动的意愿。舒尔茨（Schultz，2001）开发了只有 1 个题项的图形量表来测量“纳自然于自我”的概念。INS 包括 7 对重叠程度不同的圆圈

（一个标记“自我”，另一个标记“自然”），被试只需选择最能描述自己与自然关系的图形。研究发现，INS 与生物圈关切（Mayer & Frantz，2004；Schultz，2001）和环境态度和行为（Mayer & Frantz，2004；Schultz et al.，2004）存在相关性。梅耶和弗朗茨（Mayer & Frantz，2004）根据“自然关联性”的概念，开发了一个包括 14 个题项的测量量表，实证证明了 CTN 是环境行为和主观幸福感的一个重要的预测变量。戴维斯等（Davis et al.，2009）把人—自然关系类比于人际关系，进而编制了包括 11 个题项的量表来测量“对自然的承诺”，并证明了对自然的承诺会显著影响生态行为和给当地环保事业提供帮助的意向。杜彻等（Dutcher et al.，2007）用 5 个题项来测量自然的连接性，其中一个题项为 INS 图形测量。研究发现，与自然的连接性可用来预测环境关切和生态行为。珀金斯（Perkins，2010）开发了一个包括 15 个题项的量表来测量“对自然的关爱”，并发现 LCN 与 CNS（r = 0. 79）和 INS（r = 0. 57）呈强相关的关系，LCN 可以有效预测环境保护和生态行为。以上概念均为单维度。以下两个是多维度概念：环境身份和自然相关性。克莱顿（Clayton，2003）在集体社会认同理论的基础上提出“环境身份”的 5 个维度，包括身份显著性、自我认同、意识形态、积极的情感和自身经历，并开发了一个 24 题项的量表。然而，实证研究的结果只提取出一个因子。但克莱顿（Clayton，2003）指出，对于不同的样本，因子结构可能会有所变化。研究还表明，环境身份与生态中心态度正相关，与环境冷漠负相关。在环境身份的基础上，奥利沃斯和阿拉贡内斯（Olivos & Aragones，2011）使用西班牙的 282 名大学生为样本，结果显示环境身份包括环境身份、享受自然、欣赏自然和环保主义四个潜在维度，且环境身份和环保主义可以有效预测亲环境行为。尼斯贝特等（Nisbet et al.，2009）开发了一个包括 21 个题项的量表来测量“自然相关性”，包括情感、认知和体验三个方面，反映了内化的自然认同、自然相关的世界观和人类与自然界的物理联系如对自然的熟悉度、舒适度和接触自然的渴望。在量表开发阶段，尼斯贝特等（Nisbet et al.，2009）的实证结果显示了三因子结构，但也指出，有几个题项的载荷同时落在不同的因子上，且因子相互之间的相关性较强，所以单因子结构也是可行的。后来的研究也倾向于单因子结构，且整体量表具有更高的内部一致性（Howell et al.，2011；Nisbet et al.，2011）。布鲁格等（Brügger et al.，2011）针对“自然关联倾向”开发了40个题项，来测量人们对自然态度的个体差异。数据分析结果显示，自然关联倾向与自然关联性（CNS）、环境身份（EID）和纳自然于自我（INS）的概念存在交叉，自然关联倾向量表对生态行为的预测力要高于其他相关概念。舒尔茨等（Schultz et al.，2004）使用修订的内隐联想测验（implicit association test，IAT）来测量“内隐自然关联性”。海蒂等（Hatty et al.，2020）对前人的量表进行简化，把自然联结量表分为认同、体验和哲思三个维度。梅斯－哈里斯等（Meis－Harris et al.，2021）开发了一个包括5个维度19个测量项目的自然联结量表，并指出简版包括10个测量项目。黄向和宋惠敏（2022）提出了自然依恋的双维度结构，包括自然认同和自然依赖。

表2－2　　　　自然联结相关概念的测量及题项示例

概念术语	维度和测量	题项示例
自然情感依附（emotional affinity toward nature，EATN）	理论上4个维度，实证单维度；16个题项	当我接触自然，我感到自由和放松
纳自然于自我 （inclusion of nature in self，INS）	单维度；1个图形题项	
自然关联性 （connectedness to nature，CTN）	单维度；14个题项	我认为自己属于自然界的一个社群
自然连接性 （connectivity with nature，CWN）	单维度；5个题项 其中1个为图形题项	我感觉与自然合二为一
对自然的承诺 （commitment to nature，COM）	单维度；11个题项	未来我很想加强与环境的连接
对自然的关爱 （love and care for nature，LCN）	单维度；15个题项	我感觉自己与自然有一种相互连接感
环境身份 （environmental identity，EID）	理论上5个维度，实证仅发现1个维度；24个题项	我认为自己是自然的一部分，而不是与自然分离
自然相关性 （nature relatedness，NR）	理论上三维度，实证单维度/三维度；21个题项	我与自然的关系对“我是谁”来说很重要
内隐自然关联性 （implicit connections with nature）	70个测试； 对词语进行归类	—

续表

概念术语	维度和测量	题项示例
自然关联倾向 (disposition to connect with nature)	未指出维度； 40 个题项	我早起去看日出
自然关联 (connection with nature)	3 个维度；12 个题项	我认为我是一个非常关心自然的人
自然联结 (connection to nature)	5 个维度，19 个题项 (简版为 10 个题项)	离开自然的时间太久的话，我会感觉不自在
自然依恋	2 个维度；13 个题项	自然对于我来说是一个非常乐观健康的词汇

2. 自然联结相关概念的研究进展

有研究表明，这些不同概念测量之间存在交叉。梅耶和弗朗兹（Mayer & Frantz，2004）的研究发现，CTN 和 INS 具有高度的相关性（r = 0. 55），如果需要快速测量，INS 可以用来替代 CTN。豪威尔等（Howell et al.，2011）发现，NR 与 CTN 呈强相关的关系（r = 0. 61）。布鲁格等（Brügger et al.，2011）的实证数据也表明，自然关联倾向与自然关联性、环境身份和纳自然于自我等概念存在交叉，自然关联倾向对生态行为的预测力要高于自然关联性、环境身份和纳自然于自我等相关概念。戴维斯等（Davis et al.，2011）的研究表明，COM 与 CTN、EID 和 INS 强相关（*r* 值在 0. 57 和 0. 68 之间），并指出阐明概念上的重合和交叉是必要的。其他学者也指出了目前的概念之间存在重叠，需要进一步阐明（Restall & Conrad，2015；Whitburn et al.，2019）。塔姆（Tam，2013）把与自然关联性相关的 7 个概念进行了对比分析，使用 322 份中国香港大学生和 185 份美国居民的样本展开两项研究，发现这 7 个不同的术语实质上指的是一个共同的概念，因为不同概念相互之间呈强相关的关系，收敛于同一个因子，与校标变量的相关高度相似，控制共同因子之后，不同概念的预测能力并没有明显不同。不过，不同测量方法之间还是存在些许不同。比如，其中一些测量与校标变量之间的相关性比其他测量要强，尽管增量预测能力很小，但还是存在的。

以往研究显示，接触自然环境较多的人（尤其是童年时期），与自然的连接性越强（Nisbet et al.，2009；Nisbet et al.，2011）。自然关联性还是主观幸福感和环境行为的预测变量。比如，自然关联性对人们的生活满意感（Mayer & Frantz，2004；Howell et al.，2011）和积极情感（Howell et al.，2011）起显著的影响作用。梅耶和弗朗兹（Mayer & Frantz，2004）研究表明，自然关联性与亲生物圈价值观、生态行为、反消费主义、换位思考和环保主义身份有关，个体的自然关联性越强，对自然的关心也越强。自然相关性能够预测环境激进主义行为、环保主义者身份、有机食品购买、环境组织会员等环境行为（Nisbet et al.，2009）和主观幸福感（Howell et al.，2011；Nisbet et al.，2011）。塔姆（Tam，2013）的研究表明，环境身份和对自然的爱和关心分别对主观幸福感和环境行为起显著的影响作用。杨盈等（2017）把人与自然的联结可分为人与自然环境的物理互动和人与自然的心理联结两种。

2.1.3 研究述评

1. 对自然联结相关概念的评价

对已有概念的综述，对于理解“自然联结”的概念具有重要的理论意义。通过综述可以发现，学者们提出的概念虽然强调的是人与自然产生联结的不同方面，但在名称和定义上有相似之处，都是关注个体和自然的关系是如何建构的，对于不同概念，量表的测量题项也有交叉。比如，“与自然的关联”和“是自然的一部分”是最常使用的题项，图形测量在 INS 和 CWN 中都有出现。对于一些概念和测量方法，也存在自身的局限性。比如，舒尔茨（Schultz，2001）开发的纳自然于自我（INS）只有 1 个图形测量题项，该量表不能用来进行信度的评价（Schultz et al.，2004）。另外，人们有可能不能如此抽象地准确判断自身与自然的关系，并通过图形测量进行判断（Mayer & Frantz，2004）。内隐联想测验能够用来测量具有强烈情感型的态度，而且不依赖自我报告的方式，因而受到推崇（Mayer &

Frantz，2004）。然而，IAT的得分和相关行为的关联性很低（Schultz et al.，2004），测验过程需要使用计算机，操作过程较为复杂。梅耶和弗朗茨（Mayer & Frantz，2004）提出的自然关联性（CTN）测量的是人与自然的情感关联还是认知关联还存在争议（Perrin & Benassi，2009），且未对人—自然关系的有形方面进行测量，而这是个体自然关联性的关键要素（Nisbet et al.，2009）。虽然环境身份（EID）和自然相关性（NR）在理论上是多维概念，但实证研究结果并未明确显示单维度或多维度的结构。环境身份对个体的自我认同进行评价，但却忽略了与自然有关的体验和情感要素。现有研究对于人与自然的关联研究虽然具有相似性，但却相对分散和独立。当研究者提出新概念的同时，并未检验与其他已提出的自然联结概念的异同。识别现有研究中的不同概念术语和测量方法的共同点，有利于整合已有的研究，加深对自然联结内涵的理解。利奥波德（Leopold，1949）指出，自然联结包括诸多方面的内容，比如社群归属、与自然的亲密关系、平等主义、嵌入性和对自然的归属感等。由此可见，自然联结是一个多维度的概念。

本书响应学者们提出要阐明概念的重合和交叉的呼吁，整合已有的研究，综合分析自然联结的现有相关概念和测量工具，识别不同术语和测量方法的相似点和差异之处，提炼出自然联结的内涵和初步量表，有效地厘清和阐明了现有文献中与自然联结相关的各个概念。另外，在不同的研究情境中（如实验室、教室、公园、森林），得到的自然联结会有所不同（Schultz et al.，2004）。现有量表的开发有些在社区公共空间完成，有些通过邮件方式寄送给大学的学生，还未发现在人与自然互动高度频繁的湿地公园旅游情境下对自然联结进行的研究。基于此，本书选择城市湿地公园作为研究情境，通过对游客的访谈和实地调查，完成游客自然联结量表的编制过程。

2. 本土化研究的必要性

文化差异会影响自我认知的构建（Markus & Kitayama，1991；Schultz et al.，2004）。西方文化强调独立的自我，个体应表达自身的独特性，把自身与他人相区分开来；相反，其他文化中（如亚洲、南美和非洲）的自我则强调共生和与他人的互相联系，重点是集体，人们应该关心并融入他人（Schultz，2002）。意识形态和文化价值观的差异造成了中西方对于人与自然关系理解的不同。人类不仅生活在自然环境中，更生活在复杂的社会环境和文化环境中，因此，人类与自然的关系与社会和文化息息相关，不同文化的人们构建其与自然关系的方式颇有不同（Clayton，2012；Milfont，2012）。个体若认为自身属于自然的一部分，那么他对自我的认知与他对自然的认知存在大量的交叉部分；个体若认为自身不属于自然的一部分，则他对自我的认知和对自然的认知就不存在交叉。人类与自然的关联是相互依赖的自我的扩展，人们对自我的定义不仅与他人的关系有关，还与周围环境的关系有关。

中国自古就有“人与自然和谐共生”的传统文化价值观（Xu et al.，2014）。“人法地，地法天，天法道，道法自然”是道教关于人与自然关系的准则。这句话的意思是，人是以地的法则运行，地是以天的法则运行，天是以道的法则运行，道是以自然为法则运行。“道法自然”是道家的核心思想，主张要维护并回归自然本性。“和”是中国传统文化的最高准则，它反映了中国人对待自然和他人的基本意识形态，也是理解中国社会中人和自然关系的重要因素（Xu et al.，2014）。中国与西方社会对于人与自然关系和生态旅游发展所持的价值观不同（Sofield & Li，2007）。中国生态旅游的发展倾向于认为人类社会和自然是一个有机的整体（Sofield & Li，2007；Li，2008；Donohoe & Lu，2009），人类有责任去改造、利用自然，从而为人类服务（Elvin，1973）。西方生态旅游的发展，则强调对生态系统和自然环境的维持和保护，倾向于人类和自然的分离，自然不应受人类活动的干扰和影响，使其为人类服务（Sofield & Li，2003，2007;）。因此，在思维方式上，中国社会的“天人合一”与西方社会基于实证和科学的二元思维存在很大差异。这些差异导致中国的生态旅游与西方生态旅游（ecotourism）存在一些显著的不同，如倾向于自然、艺术和人为景观的结合、无游客规模的限制和促进人类健康等特点（Buckley et al.，2008）。文化差异使得中国游客的心理不同于西方游客的心理（Bond，2008）。因此，在研究旅游问题时，西方的经验可能并不能直接应用于中国旅游发展的现实情况（Li，2008）。目前，对于自然联结的研究基本都局限在西方环境中，这些量表的开发大多是基于北美思维对与自然互动的理解。基于西方文化价值观建立起的自然联结内涵和测量方式可能不能直接应用于其他文化（杨盈等，2017）。若要对不同文化背景的群体进行研究，则需要本土化的研究。

2.2 亲环境行为研究进展

2.2.1 亲环境行为的概念

学术界使用多个不同的术语来描述保护环境、对环境有益的行为，例如，亲环境行为（pro－environmental behaviour，PEB）（Kollmuss & Agyeman，2002），负责任的环境行为（responsible environmental behaviour）（Sivek & Hungerford，1990），具有环境意义的行为（environmentally significant behaviour）（Stern，1997，2000），环境关切行为（environmentally－concerned behaviour）（Axelrod & Lehman，1993），生态行为（ecological behaviour）（Kaiser & Shimoda，1999），环境保护行为（崔凤和唐国建，2010），环境责任行为（李秋成，2015）等（见表2－3）。西维克和亨格福德（Sivek & Hungerford，1990）把“负责任的环境行为”定义为个体或群体致力促进环境问题整治的一种行为。该定义被翁和穆萨（Ong & Musa，2011）使用。在以上定义的基础上，哈尔彭尼（Halpenny，2006，2010）把“亲环境行为”界定为个体或群体的一种行为，该行为能够促进自然资源的可持续利用。亨格福德和沃克（Hungerford & Volk，1990）把“负责任的环境行为”定义为个体以一种更加负责任的方式与环境互动的行为。该定义被李（Lee，2011）使用。阿克塞尔罗德和雷曼（Axelrod & Lehman，1993）对指导个体行为的影响因素进行研究，把“环境关切行为”定义为促进环境保护的行为。斯特恩（Stern，1997）从影响导向的角度对“具有环境意义的行为”进行定义，指人的行为对环境、生态系统的结构和动力产生影响的程度，或对生物圈本身造成改变的程度。随着人们对环境保护问题的逐渐关注，斯特恩（Stern，2000）从行为者意向导向的视角对“具有环境意义的行为”的定义进行完善，强调个体的行为是否有保护环境的意向。影响导向和意向导向的定义对研究者来说都很重要，研究者可以根据研究目的不同选择适当的定义（Stern，2000）。若某种行为对环境具有重大影响，要选择影响导向的定义（Stern & Gardner，1981）；若研究者为了理解和改变某种特定的行为，而对个体的信念、动机等进行的研究，则要选择意向导向的定义（Stern，2000）。另外，科尔穆斯和阿格曼（Kollmuss & Agyeman，2002）认为“亲环境行为”是个体有意识地寻求对自然和人造环境造成最小负面影响的行为。李等（Lee et al.，2013）认为负责任的环境行为指旅游者在游憩或旅游活动过程中尽量减少环境影响，致力环境保护，避免打扰目的地的生物圈和生态系统的活动。洛雷罗等（Loureiro et al.，2022）把游客亲环境行为定义为个体自愿保护环境，减少环境破坏和资源浪费，关注他人、下一代、其他物种以及整个生态系统的行为。张玮和何贵兵（2011）指出，“环境保护行为”指的是本着对环境有利的目的而实施的行为。赵宗金等（2013）把“环境负责任行为”界定为人们基于个人的情感、认知价值观，为了环境保护和影响生态环境问题的解决而采取的有意识行为。李秋成（2015）使用“环境责任行为”来表示个体主动维护环境、保护环境的相关行为。

表 2-3　　亲环境行为相关定义

概念术语	定义
亲环境行为（pro-environmental behaviour）	个体自愿保护环境，减少环境破坏和资源浪费，关注他人、下一代、其他物种以及整个生态系统的行为
负责任的环境行为（responsible environmental behaviour）	个体或群体致力促进环境问题整治的一种行为
	个体以一种更加负责任的方式与环境互动的行为
	尽可能减少对环境破坏，甚至对环境有利的行为
	游客在游憩/旅游活动过程中尽量减少环境影响，致力环境保护，避免打扰目的地的生态系统和生物圈的活动
	人们基于个人的情感、认知价值观，为了环境保护和影响生态环境问题的解决而采取的有意识行为

续表

概念术语	定义
具有环境意义的行为（environmentally significant behaviour）	（1）影响导向的定义：指人的行为对环境、生态系统的结构和动力产生影响的程度，或对生物圈本身造成改变的程度；（2）行为者意向导向的定义：强调个体的行为是否有保护环境的意向
环境关切行为（environmentally - concerned behaviour）	促进环境保护的行为
生态行为（ecological behaviour）	促进环境保护的行为
环境保护行为	人们为了防止自然环境恶化，改善环境使之更好地适合于人类劳动、生活和自然界生物生存而采取的行为
	本着对环境有利的目的而做出的行为
环境责任行为	个体主动维护环境、保护环境的相关行为

2.2.2　亲环境行为的分类、维度和测量

了解亲环境行为的维度有利于对亲环境行为的测量。以往研究中有多种方法对亲环境行为进行测量。有学者把亲环境行为当作单维度来研究，一般是针对特定行为，如针对潮间带行为（Alessa et al. , 2003）、攀折花木（Chang，2000）、挑选有生态标签的产品和保护海洋资源（Chen，2011）、蛮荒地保护投票意向（Vaske & Donnelly，1999）、回收行为和公共交通评价（Carrus et al. , 2008）等。秋等（Chiu et al. , 2014）以生态旅游区游客为研究对象，开发了单维度的负责任的环境行为量表。还有学者把亲环境行为分为不同的类型和维度。科特雷尔和格拉菲（Cottrell & Graefe，1997）把负责任的环境行为分为一般的负责任环境行为和特定的负责任环境行为。史密斯 - 塞巴斯图和德科斯塔（Smith - Sebasto & D'Costa，1995）把亲环境行为分为 6 种类型，分别是教育行为、物理行为、经济行为、公民行为、法律行为和说服行为。在该分类的基础上，瓦斯克和科布林（Vaske & Kobrin，2001）以一般亲环境行为和具体亲环境行为两个维度来评价亲环境行为：四种一般亲环境行为分别是学习如何解决环境问

题、与他人谈论环境问题、与父母讨论环境问题和试图劝服朋友做出亲环境的行为；三种具体环境行为分别是为社区清理贡献力量、从垃圾中挑选出可回收物、洗碗时关闭水龙头。斯特恩（Stern，2000）把亲环境行为划分为四种类型：激进的环境行为，如示威游行和参与环保组织等；公共领域的非激进行为，如环境公民行为（为环境问题而请愿、支持并加入环保组织）、支持环保政策（同意环境规章、愿意为环境保护支付更高税收）；私人领域的环境行为，如购买、使用和处置对影响环境的个人和家庭产品；组织里的行为，如技术人员愿意设计出环境友好型的生产技术、银行和开发商把环境标准作为发放贷款的条件之一等。塔帕（Thapa，2010）发现负责任的环境行为包括政治激进环境行为、回收、教育、绿色消费和社区激进环境行为五个维度。张玮和何贵兵（2011）调查 122 名在校大学生，通过实证研究把环境保护行为划分为三个维度，分别是预防性环保行为、深层环保行为和回收型环保行为。

旅游者负责任的环境行为可促进自然资源和环境的可持续发展。克斯特特等（Kerstetter et al.，2004）以中国台湾三个湿地旅游区的游客为研究对象，从管理（3 个题项）、消费行为（3 个题项）和参与行为（3 个题项）三个方面对游客的环境行为进行评价。哈彭尼（Halpenny，2006，2010）开发了亲环境行为的量表，包括一般亲环境行为和地方特定的亲环境行为两个部分。李（Lee，2011）以中国台湾三个湿地的游客为研究对象开发了负责任环境行为，量表包括 5 个方面：公民行为（4 个题项）、教育（2 个题项）、回收（2 个题项）、说服行为（2 个题项）和绿色消费（2 个题项）。拉姆基松等（Ramkissoon et al.，2012，2013a，2013b）对澳大利亚国家公园游客的亲环境行为进行研究，把亲环境行为分为低成本亲环境行为和高成本亲环境行为两个维度。成等（Cheng et al.，2013）、成和吴（Cheng & Wu，2015）对中国台湾澎湖岛的游客进行研究，把负责任的环境行为分为一般的负责任环境行为和特定的负责任环境行为两个维度。参照哈彭尼（Halpenny，2006，2010）开发的测量环境行为的量表，赵宗金等（2013）对沙滩旅游人群进行研究，把环境行为分为一般环境行为和具体环境行为进行测量。具体环境行为指公民为保护生态环境而采取的实际性的环境行动；一般环境行为指除了具体环境行为之外，公民所采取的其他有利于改善环境状况或者保护生态环境的行为。李等（Lee et al.，2013）以社区旅游的游客为研究对象，开发了适用于亚洲游客的负责任环境行为量表，包括6个维度，分别为公民行为、经济行为、物理行为、说服行为、可持续行为和亲环境行为。还有学者以中国九寨沟旅游景区居民为研究对象，把亲环境行为分为日常亲环境习惯和旅游景点的生态环境关切两个维度（Zhang et al.，2014），如表2－4所示。

表2－4　　　　　　　　亲环境行为的维度和分类

来源	维度和分类	是否为旅游情境
科特雷尔和格拉菲（1997）	两维度：一般的负责任环境行为和特定的负责任环境行为	非旅游
史密斯－塞巴斯托和德科斯塔（1995）	六维度：公民行为、教育行为、经济行为、法律行为、物理行为和说服行为	非旅游
斯特恩（2000）	四维度：激进的环境行为、公共领域的非激进行为、私人领域的环境行为和组织里的行为	非旅游
瓦斯克和科布林（2001）	两维度：一般亲环境行为和具体亲环境行为	非旅游
塔帕（2010）	五维度：政治激进环境行为、回收、教育、绿色消费和社区激进环境行为	非旅游
张玮和何贵兵（2011）	三维度：预防性环保行为、回收型环保行为和深层环保行为	非旅游
克斯特特等（2004）	三维度：管理、消费行为和参与行为	旅游
哈彭尼（2006，2010）	两维度：一般亲环境行为和地方特定的亲环境行为	旅游
拉姆基松等（2012，2013a，2013b）	两维度：低成本亲环境行为和高成本亲环境行为	旅游
李（2011）	五维度：公民行为、教育、回收、说服行为和绿色消费	旅游
成等（2013）；成和吴（2015）	两维度：一般的负责任环境行为和特定的负责任环境行为	旅游
李等（2013）	六维度：公民行为、经济行为、物理行为、说服行为、可持续行为和亲环境行为	社区旅游
秋等（2014）	单维度	旅游
张等（2014）	两维度：日常亲环境习惯和旅游景点的生态环境关切	旅游

2.2.3 亲环境行为的影响因素

人们对于环境问题的认识，已从最初的技术问题和经济问题逐渐发展到政治问题、道德问题和文化伦理问题。环境心理学家们不断把对行为的分析运用到对自然区域的管理上，以期减少对自然环境有害的行为。对于亲环境行为相关概念的前因后果变量及影响机制的研究一直是可持续研究领域的热点话题。亲环境行为的影响因素主要分为以下类别：人口统计因素、社会心理因素、个人能力和习惯、情境因素及外部力量。

1. 人口统计因素对亲环境行为的影响

年龄、性别、教育水平、经济状况、种族、文化等都是亲环境行为的潜在影响变量（Johnson et al.，2004；Kollmuss & Agyeman，2002；Stern et al.，1993）。巴特尔（Buttel，1987）通过对环境社会学的研究综述发现，一般的社会结构变量对环境关切的方差解释量仅在中等水平。科特雷尔和格拉菲（Cottrell & Graefe，1997）对美国东部切萨皮克湾马里兰州拥有船只的居民进行研究，发现背景因素（如教育程度）仅对特定的亲环境行为有影响，对于一般的亲环境行为并无影响。哈德森和里奇（Hudson & Ritchie，2001）对比分析了美国、英国和加拿大的滑雪者，发现不同文化的滑雪者，其环境意识和环境关切程度存在显著的不同。康和莫斯卡多（Kang & Moscardo，2006）对韩国、英国和澳大利亚三个国家游客进行实证研究，也发现游客对负责任环境行为的态度存在较大的跨文化差异。韩国游客对负责任环境行为的评分要高于其他两个国家的游客。刘等（Liu et al.，2014）对中国两个典型的生态旅游目的地进行研究，发现社区居民的经济收益会直接影响其亲环境行为。

2. 社会心理因素对亲环境行为的影响

在社会心理因素影响研究中，早期研究主要以理性认知因素为主导。波顿和谢蒂诺（Borden & Schettino，1979）通过评价态度和行为的关系，首先展开对亲环境行为的研究。随后，越来越多的研究者把社会心理变量与亲环境行为结合起来进行理论构建或实证研究，如计划行为理论（theory of planned behavior，TPB）（Ajzen，1991）、规范激活模型（norm - activation model，NAM）（Schwartz，1977；Van Liere & Dunlap，1978）、新环境范式/新生态范式（new environmental/ecological paradigam，NEP）（Dunlap & Van Liere，1978；Dunlap et al.，2005）和价值—信念—规范理论（value - belief - norm theory，VBN）（Stern，2000；Whitmarsh & O'Neill，2010）等。以上理论和模型涉及的变量在后来的研究中分别得到应用和验证。实证研究显示，环境态度（Blake，2001；Kang & Moscardo，2006；祁秋寅等，2009；Kil et al.，2014）、环境认知（李雪莹等，2023）、主观规范、知觉行为控制（Han & Kim，2010；Ong & Musa，2011）、后果意识、责任归因（李秋成，2015）、个人规范（Zhang et al.，2014；Pearce et al.，2022）、价值观（Zhang et al.，2014）、意义感（He et al.，2024）和共情态度（王佳钰等，2023）等对亲环境行为具有显著影响。其中，翁和穆萨（Ong & Musa，2011）对潜水者的水下行为进行研究，发现态度和个人规范对亲环境行为的影响最大。

随着情感因素逐渐被纳入个体行为研究的理论框架，越来越多的学者指出，与认知因素相比，情感因素对亲环境行为也具有较好的解释力（Kanchanapibul et al.，2014）。敬畏、自豪、愧疚、地方依恋、环境敏感性、道德情绪等对环境行为直接或间接的作用被证实（Halpenny，2006，2010；Ramkissoon et al.，2013；Cheng & Wu，2015；Bahja et al.，2022；焦开山，2014；祁潇潇等，2018；蔡礼彬和朱晓彤，2021；何云梦和徐菲菲，2023）。其中，张等（Zhang et al.，2014）发现居民的地方依赖比后果意识和价值观对亲环境行为的影响更大。值得注意的是，虽然学术界对于自然联结测量的是认知、情感或是体验、行为等还未达成一致的意见，但对于自然联结对游客亲环境行为的积极影响却形成了共识（Mayer & Frantz，2004；Nisbet et al.，2009；Hatty et al.，2020；Jacobs & McConnell，2022；Pearce et al.，2022）。

3. 个人能力和习惯对亲环境行为的影响

个人能力对于亲环境行为的实施具有一定作用，如实施特定行为的知识和技能、可用时间、金钱、社会地位和权利等（Stern，2000）。斯蒂格和弗莱克（Steg & Vlek，2009）指出，除了环境相关的因素外，许多其他因素如地位、舒适性、努力和行为机会等也会影响个体的行为表现。焦开山（2014）发现，社会经济地位对环境保护意愿有直接影响，并通过环境意识产生间接影响。在有些情况下，人们的环境行为是习惯性的（Steg & Vlek，2009），行为的出现是由于个人习惯或家庭日常习惯，并没有经过太多的思考，还有些行为受到收入或基础设施的影响（Stern，2000）。麦金尼斯等（MacInnes et al.，2021）通过模型检验证实了习惯对于旅游者行为的解释效应，并提出应从打破习惯的角度来管理旅游者行为。

4. 情境因素对亲环境行为的影响

个体的内在因素如环境、态度等对亲环境行为很重要，情境因素如基础设施、产品可得性和产品特性等对亲环境行为也很重要（Steg & Vlek，2009）。由于诸多原因的存在，环境关切并不一定就会使个体表现出亲环境行为（Gardner & Stern，1996）。情境因素可能促进或限制环境行为或个人动机（Thøgersen，2005）。盖特斯莱本等（Gatersleben et al.，2002）的研究表明，情境因素会影响个体的亲环境行为，一个在废弃物回收上表现亲环境行为的人，在交通方面的行为却对环境造成负担。不同类型的影响因素影响着不同的亲环境行为（Gardner & Stern，1996）。例如，减少汽车使用的行为受到公共政策的影响，如是否有其他可供选择的交通工具等。余晓婷等（2015）通过实证研究发现，游客的环境责任行为也受到情境因素（景区环境政策和景区环境质量）的影响，但与个人因素相比，作用力较小。

5. 外部力量对亲环境行为的影响

影响亲环境行为的因素还包括外部力量，如人际关系的影响，社区期望、广告、政府规章制度和法律等（Stern，2000）。亲环境行为的前置变量还包括解说教育（Ballantyne et al. ，2008，2009）。环境教育能够激发并影响个体的行为（Bruyere et al. ，2011）。米勒等（Miller et al. 2010）指出，环境恶化的信息可以提高游客的环境意识。在生态旅游背景下，当游客理解自身行为对环境的影响，并遵守生态旅游地的规则时，才会表现出亲环境行为（Puhakka，2011）。社会资本、社会责任、绿色愿景、商业关系和个人关系等对亲环境行为也具有重要的影响（Liu et al. ，2014；Latif et al. ，2022）

2.2.4　研究述评

作为旅游活动的主体，游客的亲环境行为对目的地旅游发展至关重要。学术界对一般领域的环境行为的研究已经取得丰富的成果，包括亲环境行为的概念、维度和测量、影响因素等方面。虽然学者们使用不同的概念来表述，但内涵却趋向于一致，均强调个体主动采取对环境有利的行为。在本书中，游客的亲环境行为指游客有意识做出的对环境有利，并能够促进目的地旅游资源可持续利用的行为。当前对于亲环境行为维度的研究还未取得一致的意见，包括单维度、两维度、三维度、五维度和六维度等。针对亲环境行为、环境责任行为、负责任的环境行为等相关概念影响因素的研究可归纳为人口统计因素、社会心理因素、个人能力和习惯、情境因素和外部力量等方面。其中，社会心理因素可分为认知因素和情感因素两种类型。早期研究多集中于理性认知因素对亲环境行为的影响，包括基于计划行为理论的态度、知觉行为控制、主观规范，以及基于规范—激活模型和价值—信念—规范理论的价值观、新生态范式和个人规范。随着情感因素逐渐被纳入个体行为研究，有学者指出，情感因素对亲环境行为也具有加强的解释力。地方依恋、敬畏、自豪、愧疚等对环境行为直接或间接的作用也逐步被证实。

然而在旅游领域，有关游客或居民的亲环境行为及其影响机制的研究成果还较为零散，尤其是从游客与自然环境互动的视角切入的还不多见。

通过对现有研究的综述可以发现，个体在环境行为上存在一定程度的不一致性。比如，一个人可能在废弃物回收上表现出亲环境行为，但在交通方面的行为却对环境造成负担。由于行为、行为主体和情境的不同，环保主义倾向可能会表现出较大差别。要准确理解某种特定的亲环境行为，还需要根据具体情形做实证性的分析。培养和鼓励游客的亲环境行为是促进旅游区可持续发展的一项重要战略，尤其对于人与自然高度互动的城市湿地公园来说更是如此。在此背景下，对旅游景区尤其是生态属性脆弱的城市湿地公园的游客亲环境行为及其形成机制的研究就成为可持续旅游领域的重要议题。

2.3 个人规范研究进展

2.3.1 个人规范的概念

个人规范（personal norms，PN）与自我概念相联系，指个体感受到实施某种行为的道德责任感（Schwartz，1977）。该定义在社会心理学研究中被广泛使用（Ajzen，1991；Manstead，2000）。科贝特（Corbett，2005）指出，个人规范是由个体对“对的”和“道德上正确”的行为感知的信念组成。与主观规范不同，个人规范强调的是人们认为“做正确的事”自我强加的义务，而不管其他人怎么想（Schwartz，1977；Stern & Dietz，1994）。行为规范是由内在过程而不是外在过程驱动的（Kallgren et al.，2000），个人规范源于自身严密的推理和反思，与社会期望无关（Thøgersen，2009）。人们做出亲环境的行为并不是受外在的刺激，而是受内在动机的刺激（Van der Werff et al.，2013a）。个人规范是被内化的道德态度（Schwartz & Howard，1980），反映了基于内在价值观的自我期望，坚持个人规范就会产生自豪感；相反，违反个人规范将产生负罪感（Onwezen et al.，2013）。本书中的个人规范指个体感受到实施亲环境行为的道德责任感。

2.3.2　个人规范的测量及研究进展

对于个人规范的测量，一般是当作单维度来研究。乌姆多瓦莱等（Oom Do Valle et al.，2005）利用葡萄牙国家调研数据研究回收行为时，使用个人责任和愧疚感两个方面、三个题项对个人规范进行测量。范德沃夫（Van der Werff et al.，2013a）把对个人规范的测量当作基于责任的内在动机，对环境自我身份认同、基于责任的内在动机和环境行为之间的关系进行研究，其中，采用 3 个题项对亲环境行为的个人规范进行测量。在旅游情境中，翁和穆萨（Ong & Musa，2011）在对潜水者的水下行为进行研究时，采用欧姆多瓦莱等（Oom Do Valle et al.，2005）的量表测量潜水者的个人规范，分为个人责任和愧疚感两个方面。张等（Zhang et al.，2014）以中国九寨沟居民为研究对象，验证了价值—信念—规范理论，九寨沟居民的个人规范对亲环境行为有正向的显著影响，其中，采用 4 个题项来测量居民的个人规范。

2.3.3　个人规范和亲环境行为的研究进展

有学者对菲什拜因和阿杰岑（Fishbein & Ajzen，1975）的态度和主观社会规范预测行为意向的观点进行质疑，特别是对与道德有关的行为上，强有力的证据表明个人规范可以增加对行为的解释力（Harland et al.，1999；Parker et al.，1995）。比如，尼格布尔等（Nigbur et al.，2010）把规范激活模型与 TPB 模型结合对回收行为进行研究，发现个人规范对回收行为有显著的影响作用。有研究表明即使控制了态度、主观规范和感知行为控制等变量，个人规范还是能够增加对行为的解释方差（Manstead，2000）。比如，托格森（Thøgersen，2002）的研究发现，在原模型中，态度解释了所有的方差，主观社会规范明显不重要；加入个人规范后，态度的回归系数降低，但还是最重要的预测变量，个人规范对有机红酒购买行为的影响作用显著，说明在此研究中个人规范比社会规范对行为的影响更大。

有关亲环境行为的研究表明，个人规范是亲环境行为的直接影响因素。在一个特定情境中，通过激发个人规范能够降低扔垃圾的行为（Cialdini，2003；Kallgren et al.，2000）。布拉特（Bratt，1999）的研究结果表明，社会规范并未直接影响个体的垃圾回收行为，而要经过个人规范的中介作用间接地对行为产生影响。马蒂斯等（Matthies et al.，2002）发现，女性减少使用私家车的意向主要受到生态规范的影响。埃布雷奥等（Ebreo et al.，2003）认为，个人规范及其与责任归属的相互作用是个人亲环境行为的重要影响因素。布莱克等（Black et al. 1985）的研究表明，针对特定行为的个人规范会对个体的亲环境行为产生影响。当把社会规范和个人规范共同作为亲环境行为的预测因素时，个人规范的预测力更好。价值—信念—规范理论（VBN）也说明个人规范是个体亲环境行为倾向的主要依据（Stern，2000）。斯蒂格等（Steg et al.，2005）实证检验了 VBN 理论，因果关系链的变量都与下一个变量显著相关，其中，个人规范能够有效预测个体对减少 CO_2 排放能源政策的接受程度。

近年来，旅游领域的学者们开始关注个人规范和亲环境行为之间的关系（Dolnicar & Grün，2009；Doran & Larsen，2016；Mehmetoglu，2010）。比如，梅赫梅托格鲁（Mehmetoglu，2010）的研究发现，不管在家里还是在度假过程中，保护环境的个人规范都正向影响亲环境行为；与其他心理变量（如价值观、环境关切）和社会人口特征相比，个人规范对行为的影响作用更强。翁和穆萨（Ong & Musa，2011）通过研究潜水者的水下行为，发现态度和个人规范对负责任的水下行为影响最大。埃斯凡迪亚尔等（Esfandiar et al.，2019）的定性分析提出，个人规范在态度、社会规范、后果意识和感知行为控制对亲环境行为的影响上起中介作用。相应的实证研究也得到类似的结论，多兰和拉森（Doran & Larsen，2016）对新西兰皇后镇 762 名游客的旅游行为进行实证研究，发现个人规范与行为意向的影响作用最强，且进一步中介强制性社会规范对行为意向的关系。与社会规范相比，个人规范对亲环境行为的预测作用更为显著（Pearce et al.，2022）。

2.3.4 研究述评

个人规范是一个在社会心理学领域较为常见的概念。自20世纪90年代起，个人规范被引入环境领域进行研究，比如一般环境行为的个人规范和特定行为（如回收行为、扔垃圾、私家车使用）的个人规范等方面。文献研究表明，个人规范是个体环境行为研究的重要预测变量。与TPB模型中的其他三个变量相比，个人规范能够显著增加对行为的解释量。与社会规范相比，个人规范对个体环境行为的影响更大，社会规范通过个人规范的中介作用对环境行为产生间接影响。

近年来，个人规范受到旅游领域学者们的关注，相关研究发现，个人规范与个体所处情境相关；与社会人口统计变量和其他心理变量相比，个人规范能够对环境行为起到更为强烈的预测作用。以上研究表明了个人规范对于环境行为研究具有重要意义，但是现有研究对于个人规范前置变量的实证研究还较为匮乏，个人规范的形成受到什么因素的影响还需要进一步的探索。本书沿用“个人规范—环境行为”的逻辑关系，对湿地景区游客的个人规范与亲环境行为的影响作用进行研究，并以游客自然联结为前置变量，分析个人规范在游客自然联结和亲环境行为之间的作用机制。

2.4 亲环境身份认同研究进展

2.4.1 亲环境身份认同的概念

身份认同（identity）是心理学的一个核心构念，与环境态度和环境行为的关系也日渐受到关注（Clayton，2012）。在现代社会中，每个人都同时扮演着不同的角色，并同时具有多重身份。身份认同理论（identity theory）（Stryker，1987；Stryker & Burke，2000）认为，身份由个体的多种角色组成（如朋友、父母、员工和同事等）。现代社会并不是由相互层叠、边界清晰的群体组成，而是由同时具有多种角色、多参照标的个体组成，根据社会条件和历史情境，这些个体根据自身或集体的以往经历来选择参照和身份认同的不同形式，现代社会即是建立在个人身份的多元性之上（格罗塞，2010）[①]。

自我身份认同（self - identity）指个体对自身的认识，包括自我的所有方面，如身体特征、偏好、价值观、个人目标、习惯性行为、个性特点和个人经历（McAdams，1995）。然而，身份认同不仅是一个自我概念，还是个体在社会背景中用来定位自己的标签（Cook et al.，2002；Clayton，2012）。近年来，学者们把自我身份认同的概念引入环境心理学领域，使用不同的术语来描述环境领域的身份认同。如亲环境自我身份认同（pro - environmental self - identity，PEI）（Whitmarsh & O'Neill，2010）、环境自我身份认同（environmental self - identity）（Van der Werff et al.，2013b）。范德沃夫等（Van der Werff et al.，2013a，2013b）把“环境自我身份认同”定义为个体在多大程度上认为自己是属于环境友好型的人。若一个人具有较强的环境自我身份认同，会倾向于把自己看成环境友好型的人，相应地会表现出亲环境行为，实施亲环境的行为。本研究借鉴范德沃夫等（Van der Werff et al.，2013a，2013b）的定义，把“亲环境身份认同”定义为个体认为自己在多大程度上属于亲环境类型的人。

值得注意的是，亲环境身份认同与“环境身份”（environmental identity）（Clayton，2003；Schultz & Tabanico，2007）是两个不同的概念，环境身份指人与自然环境的一种关联，该关联影响我们对世界的感知和行为的方式，并认为环境是我们的一个重要部分，对我们来说很重要。因此，环境身份反映了个体是否认为其是自然的一部分，而亲环境身份认同则反映了个体认为自己属于环境友好型的人的程度。亲环境身份认同不仅反映了环境对自我的重要性，还能够反映个体的亲环境行为。因此，环境自我身份认同对理解亲环境行为尤其重要（Van der Werff et al.，2013b）。

---

① 此句原文为法文，出自多米尼克·什纳贝尔（Dominique Schnapper）所著的评论文集《社会学的理解》（*La Compréhension Sociologique*）。转引自：[法] 阿尔弗雷德·格罗塞. 身份认同的困境 [M]. 王鲲，译. 北京：社会科学文献出版社，2010.

2.4.2 亲环境身份认同的测量及研究进展

1. 亲环境身份认同的测量

学术界对环境领域的自我身份认同的研究，可以分为特定行为的环境自我身份认同（behaviour - specific self - identity）和一般环境自我身份认同（generic/general environmental self - identity）两大类。特定的环境自我身份认同包括回收者身份认同（Nigbur et al.，2010）、环境激进主义身份认同（Fielding et al.，2008）、节约能源身份认同（Van der Werff et al.，2013b）等类型；一般环境自我身份认同包括环境行为的一个子集，是环境领域最广泛的身份认同类型，如绿色消费（Sparks & Shepherd，1992）和一般环境身份认同（Van der Werff et al.，2013a）等。对于亲环境身份认同的测量一般是以单维度的形式。泰瑞等（Terry et al.，1999）在研究家庭回收行为时，采用三个题项来测量自我身份认同，这三个题项分别是：从事家庭回收是“我是谁”的一个重要组成部分；我不是会从事家庭回收类型的人；如果被迫放弃家庭回收，我会感到不知所措。在泰瑞等（Terry et al.，1999）的量表基础上，尼格布尔等（Nigbur et al.，2010）增加了一个测量项目“我是一个绿色箱子回收者”，使用四个测量项目对街边回收的回收者身份认同进行测量。惠特玛什和奥尼尔（Whitmarsh & O'Neill，2010）使用以下四个项目来测量亲环境自我身份认同：我认为自己是一个环境友好型的消费者；我认为自己一个非常关心环境问题的人；被认为具有环境友好型的生活方式，我会觉得尴尬（反向）；我不想让家人或朋友认为我是一个对环境问题非常关心的人（反向）。范德沃夫等（Van der Werff et al.，2013a，2013b）分别使用三个题项来测量特定的自我身份认同（节约能源的自我身份认同）和环境自我身份认同。其中节约能源自我身份认同的测量项目包括：节约能源是“我是谁”的一个重要组成部分；我是节约能源类型的人；我认为自己是一个节省能源的人；环境自我身份认同的测量项目包括：采取环境友好行为是“我是谁”的一个重要组成部分；我是会做出环境友好行为类型的人；我把自己看成是一个环境友好的人。惠特玛什和奥尼尔（Whitmarsh & O'Neill，2010）指出，未来对于亲环境身份认同的测量，可考虑自我身份认同、社会认同、角色认同和地方认同之间的关系，要增加更多人际因素和情境因素的维度。

2. 亲环境身份认同相关研究进展

环境身份认同是解释环境行为的一个重要因素（Van der Werff et al.，2013a，2013b）。相对于环境自我身份认同较弱的人，环境自我身份认同较强的人们更加倾向于把自己看作亲环境的人，也更加倾向于做出亲环境行为。斯帕克和谢菲尔德（Sparks & Shepherd，1992）指出，自我身份认同在个人的信念、价值观和态度中有所体现。研究者们针对环境领域不同的行为对特定行为的身份认同进行了研究，如购买有机食品、购买转基因食品、节约能源、回收等行为（Gatersleben et al.，2002；Nigbur et al.，2010；Whitmarsh & O'Neill，2010；Van der Werff et al.，2013b）。近年来的研究开始关注一般的环境自我身份认同（Whitmarsh & O'Neill，2010；Gatersleben et al.，2014）。

一般环境身份认同受到价值观的影响，因此在一定程度上是稳定的，即使是在不同的情境中（Gatersleben et al.，2014；Van der Werff et al.，2013b）。例如，如果个人认为自己是环境友好型的人，那么他很可能会在不同的情境中都表现出亲环境行为，如废弃物处理、交通方式、购买行为等。所以，认识和理解环境身份认同对于可持续亲环境行为的研究具有重要意义。然而，还有研究显示，身份认同对亲环境行为具有负向的影响。斯蒂格（Steg，2005）发现当轿车司机从驾车中获得个人身份认同时，会不愿意减少轿车使用。有研究把身份认同与计划行为理论的变量放到同一模型中检验对亲环境行为的影响（Fekadu & Kraft，2001；Sparks & Shepherd，1992；Terry et al.，1999）。比如，斯帕克和谢菲尔德（Sparks & Shepherd，1992）发现在模型中，自我身份认同对绿色消费行为起独立的显著的影响作用。盖特斯莱本等（Gatersleben et al.，2014）以2694名英国居民为研究对象，发现价值观和身份认同能够较好的预测亲环境行为，身份认同中介价值观和亲环境行为之间的关系；除计划行为理论模型的变量之外，身份认同也对亲环境行为具有显著的影响作用。惠特玛什和奥尼尔（Whitmarsh & O'Neill，2010）发现，自我身份认同也对碳补偿行为具有显著的影响。特定行为自我身份认同（即碳补偿者）对碳补偿意愿的影响最大，一般亲环境自我身份认同也显著影响碳补偿意愿，但影响较弱。该研究还表明，对于如减少废弃物、水资源保护、生态购物和用餐等亲环境行为，亲环境自我身份认同是显著的预测变量。近年来，学者们对动机、价值观等概念对与环境自我身份认同的关系进行研究。例如，范德沃夫等（Van der Werff et al.，2013a）通过三个研究证明了，环境自我身份认同影响基于责任的内在动机（道德责任感），进而影响个体的亲环境行为，基于责任感的内在动机调节环境自我身份认同和亲环境行为二者间的关系。范德沃夫等（Van der Werff et al.，2013b）的研究发现，生物圈价值观对环境偏好、意向和行为有显著影响，分别受到环境自我身份认同的完全中介作用。

国内对于环境领域身份认同的研究则刚刚起步。林兵和刘立波（2014）指出，环境身份是影响环境行为的重要因素。王群勇等（2020）证实了党员“身份认同”能够促进环保行为。何嘉梅和尹杰（2022）从认知、动机、意志行动等加工阶段剖析了环境保护身份认同对环境决策产生作用的心理机制。霍丹丹（2023）则针对北极环境治理，探讨了中国的身份认同建构路径。由此可见，环境身份及其认同问题已成为国内外环境社会学界进行环境行为研究的新视角。

2.4.3　研究述评

身份认同在社会心理学领域得到了广泛的研究，但是环境心理学界和环境社会学界对于环境身份认同的相关研究才刚刚起步（Gatersleben et al.，2014；Whitmarsh & O' Neill，2010；Van der Werff et al.，2013a，2013b；何嘉梅和尹杰，2022）。近年来，学者们对亲环境身份认同的相关内容进行研究，包括概念内涵、分类、测量等方面。对于环境领域的自我身份认同分类的研究，包括对一般环境自我身份认同的研究和特定行为的环境自我身份认同的研究，对于特定行为的研究包括回收者身份、环境激进主义身份、节约能源身份等类型。目前，学术界对于亲环境身份认同与环境心理学的其他变量之间的关系，还知之甚少。在旅游领域还并未引入对亲环境身份认同的研究。

环境身份认同正逐渐成为环境心理学和环境社会学中一个新的理论研究视角。环境身份认同突出了社会关系和社会结构的重要性。与身份存在关联的行为必然会受到行为主体所属的群体和社会关系的影响，行为主体的环境行为也会受到其所属的环境群体以及与群体中其他成员关系的影响。环境身份也具有结构属性，是人的多重身份的一种。环境身份认同是环境社会学研究的重要内容，对于环境社会学研究具有重要的推动作用。文献研究也进一步表明，亲环境身份认同对于环境行为具有重要意义。个体是否会表现出亲环境行为，很大程度上取决于个体是否认为自己是会做出亲环境行为类型的人。与亲环境身份认同感较弱的个体相比，认同感较强的个体更为倾向于把自己当作环境友好型的人，也更容易表现出亲环境行为。然而，现有研究对于环境身份认同与其他变量的关系还知之甚少，对于亲环境身份认同的前置影响因素和后置变量的研究还很有限。游客作为旅游者群体中的一员，其环境行为也必然会受到旅游者群体以及与群体中其他游客关系的影响。对亲环境身份认同影响作用的研究，对于促进游客的亲环境行为具有重要的作用。遗憾的是，现有研究中还未出现对于游客的亲环境身份认同的相关研究，对于亲环境身份认同如何影响亲环境行为过程更未可知。在旅游情境中，游客的亲环境身份认同会对亲环境行为产生影响吗？如果是，亲环境身份认同是如何影响游客的亲环境行为的，这些都需要进一步的探索。

2.5 理论基础

环境心理学（environmental psychology）在 20 世纪 60 年代起源于美

国，关注的是人与环境复杂的相互作用（Craik，1973）。环境保护心理学（conservation psychology）是环境心理学的其中一个分支，关注的是环境恶化的心理学根源以及人的环境态度与亲环境行为的关系等方面的内容。桑德斯（Saunders，2003）把环境保护心理学定义为“人与自然互惠关系的科学研究”，关注的是如何鼓励公众对自然的保护。环境心理学的研究对象从具体的环境问题，如垃圾焚烧（Van Liere & Dunlap，1978）、蛮荒地保护投票意向（Vaske & Donnelly，1999）及回收行为（Terry et al.，1999）等问题扩展到更广泛的人与自然环境之间的概念问题，如价值观（Stern & Dietz，1994）、环境态度（Stedman，2002）和环境身份（Clayton，2003）等。

从心理学的角度研究个体的亲环境行为对于保护环境具有重要意义（Bamberg & Moser，2007；Hines et al.，1986/1987）。大量环境心理学的文献采用“态度—行为”模型对环境行为进行研究（Kaiser et al.，1999）。这些模型包括简单的“态度—行为”框架、复杂的理性行为理论和计划行为理论框架、规范激活理论模型和价值—信念—规范理论。另外，社会心理学的身份认同理论对于解释个体行为也具有重要影响。

2.5.1　理性行为理论（TRA）和计划行为理论（TPB）

理性行为理论（theory of reasoned action，TRA）（Ajzen & Fishbein，1980；Fishbein & Ajzen，1975）认为个体的行为意向是行为的有效预测变量，行为意向由针对该行为所持的态度和主观规范共同决定，而态度由个体针对该行为的价值观和信念来决定（见图 2－1）。计划行为理论（Ajzen，1985，1991）作为理性行为理论的扩展，是心理学中对行为的研究应用最为广泛的理论之一。TPB 比 TRA 增加了感知行为控制这一变量，它与态度和主观规范共同对个体的行为意向产生作用。TPB 假设三个独立的因素影响行为意向（Ajzen，1991）。第一个因素是针对行为所持的态度，指个体在多大程度上对行为作出有利或不利的评价或评估；第二个因素是主观规范，指实施或不实施该行为感知到的社会压力；第三个因素是感知行为控制，指感知到实施该行为的难易程度（见图 2－2）。一般来说，针对某种行为持越有利的态度和越强的主观规范、越大程度的感知行为控制，则个体表现出实施该行为的意向越明显。根据不同的行为和情境，态度、主观规范和感知行为控制三者预测行为意向的重要性会有所不同。在一些研究情境中，个体的行为意向仅仅由态度决定，而在另外一些情境中，行为意向则需要态度和感知行为控制来共同解释，甚至需要三个预测变量来解释。TPB 对于学者们理解人类行为的动因非常重要。

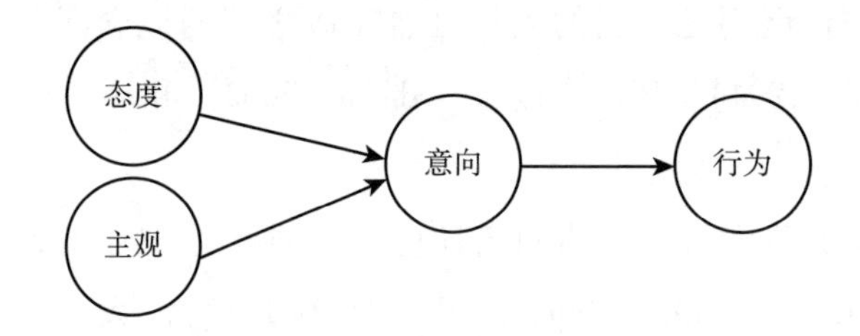

图 2－1　理性行为理论

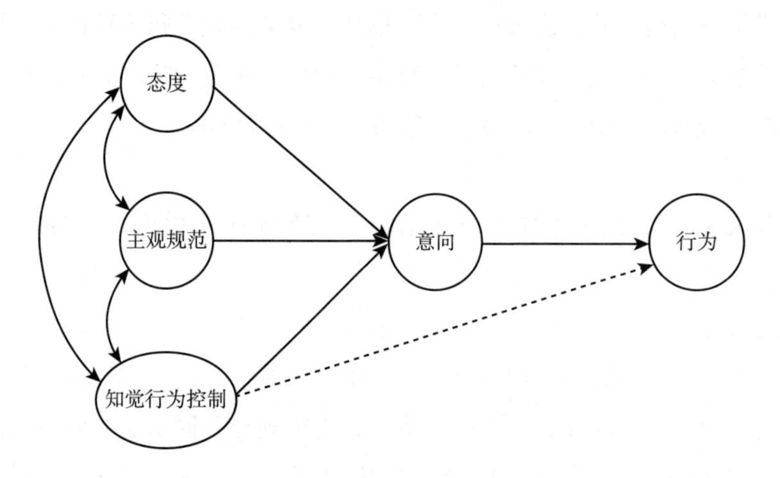

图 2－2　计划行为理论

理性行为理论和计划行为理论得到了大量研究的验证和支持（Ajzen，1985，1991；Terry et al.，1999；Hsu & Huang，2012），但在这两个理论模型中，对于主观规范的支持相对较弱（Ajzen，1991；Terry & Hogg，1996）。近年来，学者们把计划行为理论应用到对亲环境行为的研究中（Bamberg et al.，2003；Chen & Tung，2010；Fielding et al.，2008；Shaw et al., 2000)。还有研究运用TPB来研究旅游领域中的亲环境行为（Han et al., 2010; Han & Kim, 2010; Ong & Musa, 2011），表明了TPB在行为意向和行为预测上具有较强的解释力。然而，TPB也受到了一些学者的批判，认为行为意向并不能直接等同于实际行为，一些实证研究已经证明，行为意向和实际行为之间的联系较弱（Bergin - Seers & Mair, 2009; McKercher & Tse, 2012）。

在运用TPB对亲环境行为的研究方面，也出现了批判的声音。普里尔维茨和巴尔（Prillwitz & Barr, 2011）研究发现，对环境和可持续的绿色态度并不对游客的旅游行为产生影响。布里克曼（Bickmann, 1972）的研究显示，94%的受访者认为"捡起垃圾是每个人的义务"，但实际只有1.4%的受访者会捡起垃圾，并指出仅仅改变人们口头对环境的态度，并不能解决环境问题。对于旅游行为和气候变化的研究来说，TPB理论过于简单（Anable et al., 2006）。还有学者指出，从社会心理的视角看，TPB理论是从个人主义的视角对人类行为进行研究，并未考虑身份认同和规范对人类行为的影响（Nigbur et al., 2010）。TPB对本书的启示在于它认为自然关联性（可视为一种环境态度）会对游客的亲环境行为产生影响。

2.5.2　价值—信念—规范理论

价值理论（value theory）：施瓦茨（Schwartz, 1992）基于20个国家的实证研究，开发了一个包括56种价值观的文化价值观量表。在此基础上，斯特恩和迪茨（Stern & Dietz, 1994）开发了一个简短版的价值观量表，包括自我超越和自我增强两个维度。斯特恩等（Stern et al., 1993）指出，有关环境行为的三种价值取向：利他价值取向、利己价值取向和生态圈价值取向。施瓦茨（Schultz, 2001）通过实证研究验证了以上三种价值取向。

规范激活理论（norm - activation theory）：由施瓦茨（Schwartz, 1973, 1977）提出，用于预测和理解利他行为和亲社会行为。个人规范作为规范激活理论的核心变量，指个人感受到要去实施亲社会行为的强烈道德责任感（Schwartz，1977）。个人规范来源于社会规范，社会规范是指社会中大多数人认同的行为，它代表了大多数人的价值观和态度。在个人水平上，被个体接受的社会规范内化为个人的规范，从而促使个体做出利他的行为。该理论认为，社会规范处于社会结构层，而个人规范是被内化的道德态度（Schwartz & Howard，1980）。社会规范只有通过个人规范才能发挥作用，亲社会行为受到个人规范的影响，违反和坚持个人规范与个体的自我概念有关，个体坚持个人规范会产生自豪感，违反个人规范将产生负罪感。模型中另外一个重要的关联是个人规范和行为之间。个体可能内化了规范，但未按照个人规范实施行为。施瓦茨指出影响个人规范转变为行为的两个变量：后果意识（awareness of consequence，AC）和责任归属（ascription of responsibility，AR）。只有当个体认为环境状况将给他人、其他物种和生物圈造成威胁（AC），并且认为他的行为能够避免这些后果时（AR），个人规范将被激活，个体将实施亲社会行为。个人规范完全中介社会规范和亲社会行为之间的关系，AC 和 AR 调节个人规范和亲社会行为之间的关系（见图 2－3）。

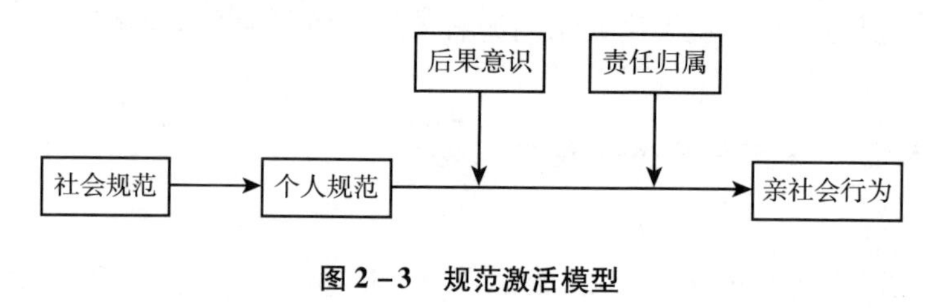

图 2－3　规范激活模型

认为环境行为主要是亲社会动机的学者经常使用规范激活模型（norm－activation model，NAM）（Schwartz，1977）作为理论框架。施瓦茨（1977）的规范激活理论已被应用到亲环境行为的研究中，并取得了一定的进展（Doran & Larsen，2016；Hopper & Nielson，1991；Oreg & Katz－Gerro，2006），但大多是低成本的亲环境行为，对于高成本或强约束的亲环境行为解释力有限（Steg & Vlek，2009）。亚伯拉罕和斯蒂格（Abrahamse & Steg，2011）的实证研究也表明，规范激活理论仅适合用来解释低成本的亲环境行为。

新环境范式（new environmental paradigam，NEP）：新环境范式量表最初由邓拉普和范利尔（Dunlap & Van Liere，1978）开发，用来测量人与自然关系的基本观念。最初的量表包括12个题项，主要包括人与自然的冲突、增长极限、人类在自然中的角色。邓拉普等（Dunlap et al.，2005）对量表进行修正，提出了一个包括15个题项的量表，增加了拒绝例外和生态危机可能性两个方面。

在价值理论、规范激活理论和新环境范式的基础上，斯特恩等（Stern et al.，1999）和斯特恩（Stern，2000）以环境保护行为为例，发展并验证了价值—信念—规范理论（value - belief - norm theory，VBN），如图2-4所示。价值—信念—规范理论通过一条因果链把价值取向（特别是利他价值取向）、NEP、后果意识（AC）、责任归属（AR）和亲环境行为的个人规范5个变量连接起来。该因果链从相对稳定的价值取向开始，到更加集中的有关人类与环境关系的信念（NEP），再到个体未执行该行为对他人造成后果的意识和对后果负有责任的信念，最后激活个体采取环境行为的责任感。斯特恩（Stern，2000）指出，在此因果链中，每个变量可以直接对下一个变量产生影响，也可能会直接对更后面的变量产生影响。

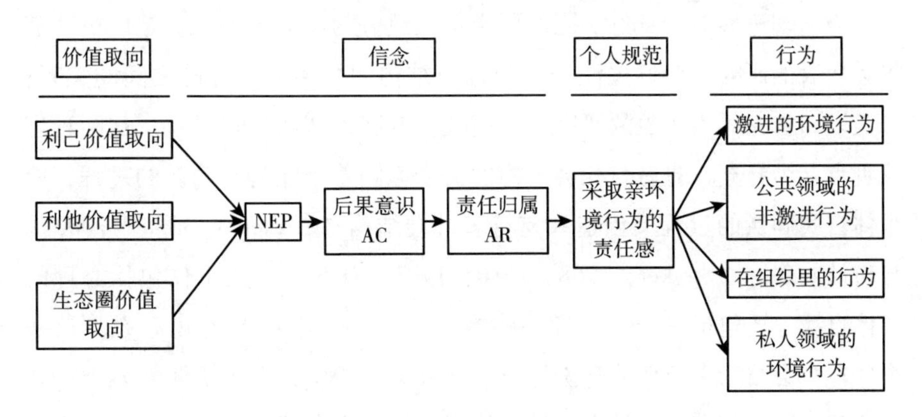

图2-4　价值—信念—规范理论

亲环境行为的个人规范受个人信念的激发，个人信念受到后果意识（AC）和责任归属（AR）的影响。这种亲环境行为的个人规范会影响与环境意向有关的各种行为。另外，特定行为的个人规范和其他社会心理变量（如感知个人成本和效益、特定行为效能信念）也可能影响特定的亲环境行为。价值—信念—规范理论广泛应用在对一般环境行为的研究中，并得到了许多实证研究的验证（Andersson et al.，2005；Nordlund & Garvill，2002；Steg et al.，2005）。比如，诺德伦德和加维尔（Nordlund & Garvill，2002）的实证研究证明，个人规范对亲环境行为有直接的显著影响，并在一般价值观、环境价值观和问题意识对亲环境行为上的关系上起中介作用。近年来，价值—信念—规范理论在旅游领域的环境行为方面也得到了应用（Zhang et al.，2014），该研究以中国九寨沟居民为研究对象，应用价值—信念—规范理论和地方依赖理论，验证了居民对自然灾害的后果意识、价值观和个人规范能够正向显著影响其亲环境行为。还有学者同时运用 TPB 和 VBN 理论，对旅游领域的环境行为进行研究。比如，翁和穆萨（Ong & Musa，2011）把 TPB 和 VBN 结合起来，对潜水者的水下行为进行研究，结果发现态度变量和个人规范对负责任的水下行为的影响最大。

2.5.3 身份认同理论（self－identity theory）

当前理论界对于身份认同的研究可大致分为两大流派：一是以史赛克等为代表的研究，他们关注身份与社会结构的联系以及身份之间的关系；二是以布鲁克等为代表的研究，他们关注自我确认的内在过程。这两种理论观点互为补充，身份与社会结构的关系影响着个体自我确认的过程，而个体自我确认的过程又创造和支持着社会结构（Stryker & Burke，2000）。身份认同理论（Stryker，1968，1980，1987）认为，自我不仅包括心理的实体自我，还包括一个社会性的建构自我。自我（self）是由一系列反映个体在社会结构中角色的身份组成。在社会结构中，个体扮演着多个不同的角色，同时具有多重身份，身份认同的核心观点即是对个体行为的理解和预测。史赛克和布鲁克（2000）认为，对于身份（identity）的用法主要分为三种观点：第一种主要指的是文化，如种族；第二种指集体或社会范畴的共同认同，如社会认同理论（Tajfel，1982）；第三种指在高度差异化的现代社会中，与个体的多种身份相联系的自我的一部分。个体的行为通常与自我身份认同保持一致（Sparks & Shepherd，1992），自我身份认同使得个体区别于他人，并遵守其所属群体的价值观、观念和行为（Christensen et al.，2004）。

当前学术界对计划行为理论是否已经包括了行为意向和行为的所有预测因素进行考察（Fielding et al.，2008；Pierro et al.，2003；Terry et al.，1999），其中发现的一个对行为意向产生重要影响的预测变量就是自我身份认同，即实施某种行为对于个体自我概念的重要程度。对于个体行为意向影响因素的研究，在使用理性行为理论（TRA）和计划行为理论（TPB）时，自我身份认同（self - identity）的影响作用也应该引起学术界的足够重视（Sparks & Shepherd，1992）。特里等（Terry et al.，1999）强调，同时考虑自我身份认同与“态度—行为”关系是很重要的。自我身份认同可由个体的信念、价值观和态度反映出来（Fishbein & Ajzen，1975）。个体的身份认同和评估性态度之间的关系错综复杂，二者之间可能存在着双向的因果关系（Sparks & Shepherd，1992）。斯帕克和谢菲尔德（Sparks & Shepherd，1992）曾在理论上假设，绿色消费的身份认同对个体食用有机蔬菜的态度产生影响，但实证结果显示，消费者的身份认同并不会通过评估性态度的中介作用对其行为意向产生间接影响。以上二位学者还建议，不仅应该鼓励对身份认同和态度之间的整合性研究，还要对二者的整合性研究进行认真评估。

身份认同理论可用来解释社会学和社会心理学的一系列问题（Stryker & Burke，2000）。自我和社会结构紧密相连，并受到社会结构的影响，自我被认为是“社会行为的积极创造者”（Stryker，1980）。自我身份认同和行为意向的关系建立在身份认同理论的基础上。自我身份认同能够激发个体的行为，个体的行为通常与自我身份认同保持一致（Christensen et al.，2004；Sparks & Shepherd，1992；Stets & Biga，2003）。实施与角色一致的行为，有助于个体确认作为角色成员的身份（Callero，1985）。因此，自我身份认同对理解个体的行为意向和行为具有重要作用。

研究设计

3.1 研究内容框架

本书的研究内容框架如图3－1所示。

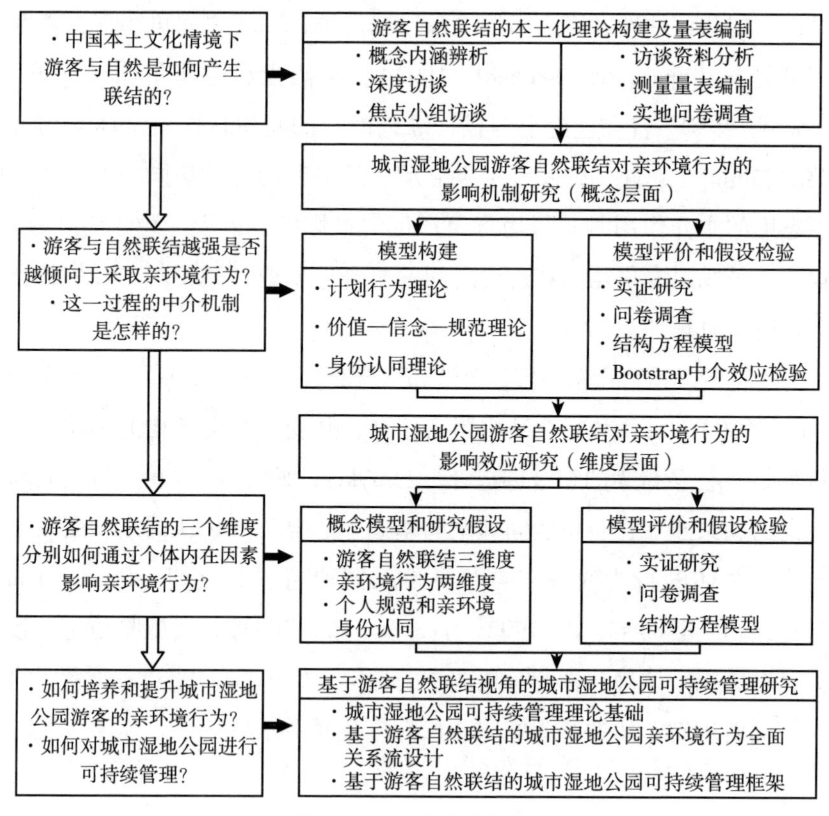

图3－1 研究内容框架

3.2 案例概况

3.2.1 杭州西溪国家湿地公园

本书选择杭州西溪国家湿地公园作为代表案例地进行调研，原因如下。

（1）地域代表性与生态重要性。西溪国家湿地公园位于中国浙江省杭州市西部（见图3-2），总面积约为11.5平方公里，是中国首座国家湿地公园，集城市湿地、农耕湿地、文化湿地于一体。2005年，西溪湿地一期正式开园。2007年，西溪湿地二期部分开园，区域面积约4.89平方公里。2008年，西溪湿地综合保护工程一期、二期和三期全部投入使用，三期区域面积3.35平方公里。2012年1月，西溪湿地被正式授予“国家5A级旅游景区”称号。作为罕见的城中次生湿地，西溪拥有质朴的自然景观和丰富的生态资源。西溪湿地区域内水域占总面积的70%以上，生态景观独特，水网、沼泽、河道、鱼塘、滩涂、岛屿密布，动植物资源丰富，对杭州的生态环境具有重要的改善作用，被誉为“杭州之肾”。

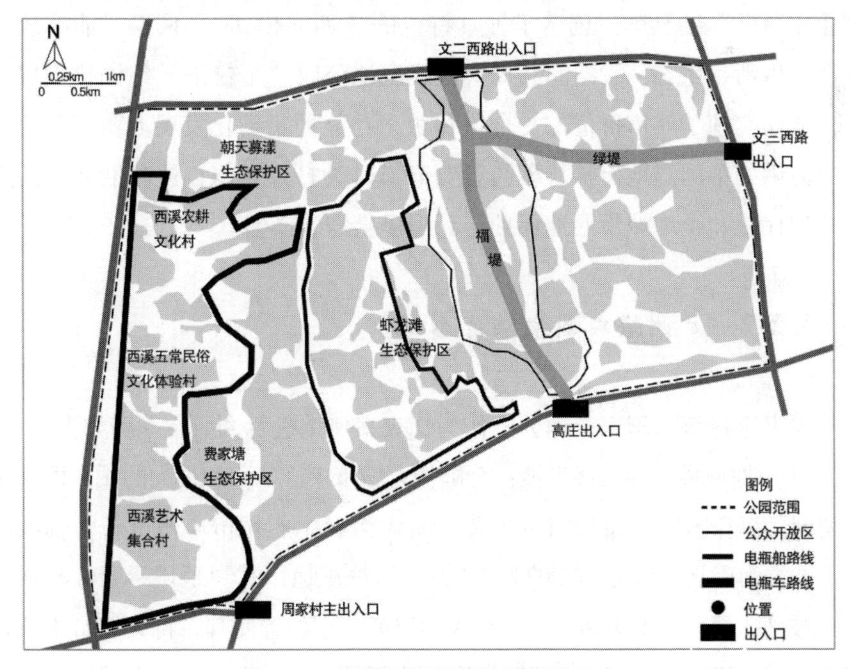

图3-2 西溪国家湿地公园区位示意

（2）历史遗存众多，人文底蕴深厚。西溪湿地起始于汉晋，有超过1800年的历史，蕴含了“梵、隐、俗、闲、野”五大主题文化要素。西溪文化的精髓被称为“一园五地”，“一园”指洪园，“五地”指越剧首演地、水浒孕育地、文人逍遥地、词人圣地和民俗浓缩地。西溪国家湿地公园可用来开发的旅游资源众多，包括湿地的野生动植物、独特的水域景观和大量的历史文化遗产如越剧、洪园、民俗风情（龙舟盛会、集市灯会、采桑养蚕、丝绸加工和刺绣等）。西溪湿地利用湿地景观打造了湿地环境知识教育大课堂，构建了相关科研科普体系，以西溪湿地为中心的大西溪经济圈、文化圈和生活圈正在形成。

（3）中国湿地保护修复工作的标杆和全球城市湿地保护与利用的样板。保护并不是一成不变，在人口密集的城市地区，如何在保护湿地的同时，让湿地公园成为人民群众共享的绿色空间？作为全国首个国家湿地公园，西溪创新走出一条保护与发展的共赢之路。遵循“不同自然争夺发展空间”的原则，通过西溪湿地综合保护工程，充分发掘湿地生态系统的多重服务功能。西溪湿地已逐步形成了“游在西溪、学在西溪、住在西溪、创业在西溪”的品牌，创造了独具特色的“西溪模式”。该模式能够统筹生产、生活、生态三大空间布局，形成湿地公园“金镶玉”组团化发展方式，从而实现了城市价值的复合化和城市功能的集约化发展。西溪湿地因此成为讲好中国湿地保护故事的重要窗口，为打造人与自然和谐共生的中国式现代化和全球城市湿地保护与利用提供经验借鉴。

3.2.2 广州海珠国家湿地公园

本书选择海珠国家湿地公园作为代表案例地进行调研，原因如下。

（1）地域稀有性与代表性：全国特大城市中心区面积最大的城央国家湿地公园。海珠国家湿地公园位于粤港澳大湾区中心城市广州市新中轴线南段，被誉为广州“绿心”。2023年2月，海珠湿地以其“地域稀有性与代表性”被列入国际重要湿地名录，得天独厚的地理位置使其在特大城市中所发挥的生态价值越发凸显。海珠国家湿地公园是中国特大城市中心城区规模最大、保存最完整的生态湿地，总面积约 1100 公顷（约为美国纽约中央公园面积的 3 倍、英国伦敦海德公园面积的 4 倍）。海珠湿地能够提供区域气候调节、抗旱防洪、水质净化、全球候鸟迁徙栖息地等重要的生态服务，是保障广州城市生态安全的重要因素。海珠国家湿地公园目前开放的区域包括海珠湖（休闲娱乐为主）、湿地一期（浓郁岭南水乡文化气息）、湿地二期（自然、生态、野趣）和上涌生态科学园四个部分。广州城市发展中轴线从湿地公园穿过，周边环绕广州塔、琶洲试验区、大学城等标志性功能区，形成了独特的“入则自然，出则繁华”的城市自然共生格局（见图 3 –3）。

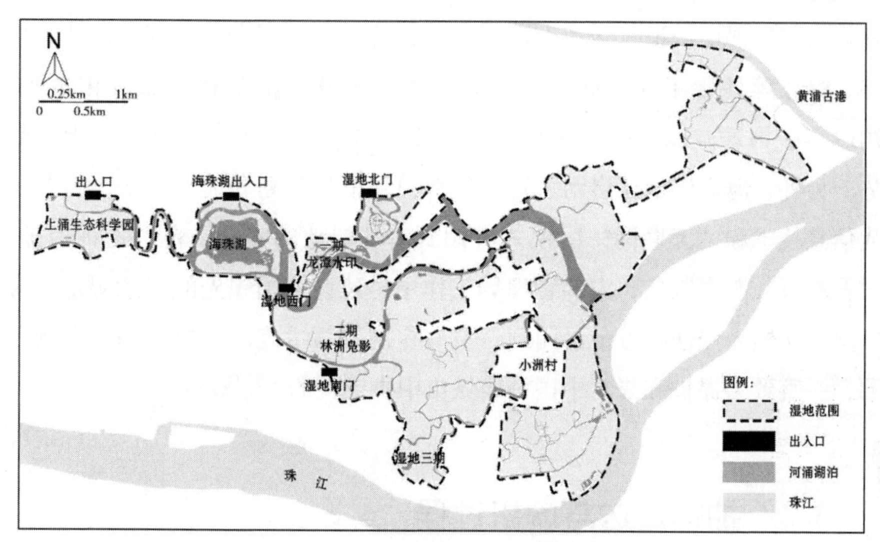

图 3 –3　广州海珠国家湿地公园区位示意

（2）极具岭南特色的农业文化遗产核心区：珠江三角洲“高畦深沟”传统农耕文化和岭南民俗文化的荟萃区。在新时代，海珠国家湿地公园不仅被赋予保护城市生态环境的功能，也肩负着传承历史文化的新使命。海珠湿地是珠江三角洲河涌湿地、城市内湖湿地与半自然果林镶嵌交混的复合湿地生态系统。2021 年 11 月，“广东海珠高畦深沟传统农业系统”入选第六批中国重要农业文化遗产，成为世界范围内唯一位于超大城市中心城区的重要农业文化遗产。海珠湿地位于高畦深沟农业文化遗产核心区。作为珠江三角洲地区湿地千年果基农业文化的典型代表，海珠高畦深沟传统农业系统是两千年以来海珠劳动人民在紧邻广州城、商品农业发达的社会经济背景下，充分利用高温多雨、地处珠江弱潮河口、水网密布的自然条件创造的一类极具珠江三角洲地域特色的农业生产系统。仅海珠湿地及其周边地区的高畦深沟农业系统存留面积就超过800公顷，畦面超过2200块，深沟超过9500条。在大都市中央能够保留这样的农业文化遗产，是极为罕见且亟须保护的。

（3）全国湿地管理标准化体系建设试点单位：致力打造国家级城央湿地公园标杆，塑造人与自然和谐发展的典范。海珠湿地建立了全国湿地公园第一套通过ISO 9001认证的管理标准化体系，并通过AAAA级标准化良好行为单位评审认证。涵盖生态环境、宣传教育、安全、工程、保洁、接待、财务等各项工作，保证了湿地保护专业化、精细化和品质化水平。2019年，海珠湿地全年接待入园游客821.6万人次，且游客数量呈上升趋势。另外，海珠湿地还启动了智慧湿地顶层框架规划和前期工作，将新一代信息技术和“互联网+”模式应用到海珠湿地的安全防范、物种保护、科普教育、游客服务、内部管理等工作中，建设全国领先的智慧湿地。海珠湿地从饱受侵蚀的万亩果园到“具有全国引领示范意义的”国家湿地公园，一直致力保护和修复中国一线城市中央宝贵的生态资源。

3.3 抽样方法与调研过程

本书的抽样方法选取基于以下因素的考虑：（1）寻找有湿地公园游览经历的游客群体；（2）保证受访群体有一定的多样性，包括受访群体的社会人口统计特征、游览次数、游览动机、同伴类型等，以利于下一步数据分析的顺利进行；（3）顺利完成所设计的调研问卷，获得足够多的样本量。在实际的抽样研究中，由于研究者可获得资源有限和数据收集的时间局限性，获得具有完全代表性的抽样样本往往是比较困难的（Halpenny，2006）。对于旅游研究者而言，游客游览活动的短暂性和季节性使得抽样样本的获取更富挑战性。因此，采取旅游研究中普遍使用的便利抽样法（convenience sampling）来获取数据。

调研过程分为4轮开展，包括1轮在线调研和3轮实地调查，调研时间选定游客量充足的周末和节假日。第1轮为在线调研，随机选取具有湿地公园旅游经历的游客30名（样本A），对游客自然联结的初始测量项目进行内容有效性评价。第2轮为实地调查，调研时间为2015年9月12日—13日，笔者与西溪国家湿地公园管理委员会沟通之后，由管理委员会的工作人员和湿地公园内的志愿者分别在“党员微笑亭”和“团员微笑亭”[①] 向湿地公园的游客发放调查问卷。在调研之前，笔者就调研的注意事项向工作人员和志愿者进行培训，包括如何选择受访者、如何实施调查过程等，确保收集问卷的有效性。游客采用匿名自填式问卷法，填写完毕交回给工作人员和志愿者。本次调研发放问卷150份，汇总和筛选之后得到有效问卷115份（样本B）。

第3轮为大规模实地调查，调研地点为杭州西溪国家湿地公园，调研时间为2015年“十一”黄金周假日。笔者带领其他5名调查员以湿地公园志愿者的身份进入西溪国家湿地公园，统一着装。除笔者以外的其他5名调查员，均是旅游管理专业的博士研究生和硕士研究生，具有丰富的实地调查经验。在开始调查之前，首先，对5位调查员进行系统培训，介绍本项研究的目的；其次，对调查问卷中的问题进行逐题讨论，解释问卷中每个问题的目的，回答调查员的疑问，确保调查员完全理解调查问卷的内容，并记录他们的意见和建议；最后，对调查过程中的注意事项进行交代，包括如何选择受访者，如何实施调查过程，若受访者有要如何回答等方面的疑问，要求调查员记录受访者的问题，并及时反馈给研究者。本次调研共发放900份调查问卷，回收852份，获得有效问卷666份（样本C）。第4轮为大规模实地调查，调研地点为广州海珠国家湿地公园，调研时间为2022年10月15日—16日。参与调研的人员包括海珠国家湿地管理办公室工作人员、海珠湿地志愿者和旅游管理专业的研究生等共10人。开始调研之前，笔者对调查员进行了系统的培训。本次调研共发放550份调

① “党员微笑亭”和“团员微笑亭”是西溪国家湿地公园管理委员会在园区内游客集中处设置的凉亭，每个凉亭由1名管理委员会员工和2名西溪湿地公园志愿者负责，目的是为游客提供信息咨询和指引服务。

查问卷，回收520份，剔除无效问卷34份，获得有效问卷486份（样本D）。

3.4 数据分析方法

本书所使用的数据分析方法如表3－1所示。

表3－1　　　　数据处理方法及应用

数据处理方法	具体描述	在本书中的应用
文本分析	对被记载下来的访谈资料进行内容分析和处理	对游客自然联结的访谈资料进行文本分析，生成中国文化情境下的游客自然联结测量项目
描述性统计分析	对各测量项目进行基本统计量的描述	调研样本的社会人口统计因素； 游客自然联结测量项目的描述性统计分析； 调研样本的游览特征统计分析； 自然认同、情感依附、自然依赖、亲环境行为、亲环境身份认同和个人规范测量项目的描述性统计分析
信度分析	指测量结果的一致性，包括个别信度、内部一致性信度和组合信度等	游客自然联结测量项目的可靠性分析； 亲环境行为测量项目的可靠性分析； 亲环境身份认同和个人规范的信度分析
效度分析	指一个测试对其所要测量的特性测量的程度，包括内容效度和表面效度、结构效度、聚合效度和区分效度等	游客自然联结测量项目的内容效度； 自然认同、情感依附和自然依赖的效度检验； 概念模型A和B中测量模型的效度检验
探索性因子分析	提取变量间的公共因子，以较少的构念来代表原来较为复杂的数据结构	游客自然联结、亲环境行为的探索性因子分析； 亲环境身份认同和个人规范的探索性因子分析
验证性因子分析	验证各量表的因子结构是否能与抽样样本适配	游客自然联结的验证性因子分析； 概念模型A和B中测量模型的验证性因子分析
二阶因子分析	一阶因子之间具有中高度的相关，且均受到一个抽象的较高阶因子的影响	游客自然联结的二阶因子分析
结构方程模型	基于变量的协方差矩阵来分析变量之间关系的一种统计方法。结构方程模型是验证性因子分析和潜变量因果模型的结合，包括测量模型和结构模型两个部分	概念模型A的结构模型分析； 概念模型B的结构模型分析
Bootstrapping	从总体样本中有放回地重复抽样以得到类似于原始样本的Bootstrap样本	概念模型A中个人规范和亲环境身份认同分别在游客自然联结和亲环境行为之间的中介效应检验

第4章

游客自然联结的本土化理论构建及量表编制

目前，学术界对于自然联结的研究方兴未艾，学者们提出了各种不同的术语和定义来描述人与自然之间的关系。学术界对于自然联结的维度和测量尚缺乏统一的观点，且现有的研究大多是在西方文化背景下进行的。克莱顿（Clayton，2003）指出，对于人与自然关系的理解不能脱离社会的大环境，出于不同的文化、世界观和宗教信仰，人与自然的关系会相应有所不同。中国社会“天人合一”的思维方式与西方社会基于实证和科学的二元思维存在很大差异。对于人与自然的关系，中国文化倾向于认为二者是一个有机统一的整体，西方文化倾向于人类和自然的分离和互不干扰。因此，基于西方思维中人与自然的关系开发的自然联结的测量，能否适用于不同文化背景的亚洲样本，还需要更进一步的研究。本书在当前研究成果的基础上，把游客自然联结定义为游客对与自然的情感联系、关系认知和归属感的感知程度。

通过对比分析自然联结的相关概念，可以发现，不同的概念术语和测量方法既有共同点，又有各自的独特性，这表明自然联结可能是一个多维度的概念。目前，对于自然联结维度的测量理论上主要分为单维度、三维度和五维度。单维度的主要包括：纳自然于自我（INS）反映的是人与自然关系的认知方面；自然情感依附（EATN）、自然关联性（CTN）、对自然的关爱（LCN）反映的是人与自然关系的情感方面；对自然的承诺

（COM）反映的是人对自然的依恋，也属于情感方面。杜彻等（Dutcher et al.，2007）认为，自然连接性（CWN）反映的是人们的一种主观体验。环境身份（EID）在理论上是多维度的概念，反映了对人与自然关系的认知、情感和评估方面，但实证结果只显示一个因子的结构；自然相关性（NR）在理论上也是一个多维度的概念，包括人与自然关系的情感、认知和体验方面，但实证结果显示，单因子结构和三因子结构都是可行的。自然联结可能不仅包括认知和情感方面，还包括其他未开发或未充分开发的方面（Tam，2013）。因此，本书认为游客自然联结是一个多维度概念。

本书根据丘吉尔（Churchill，1979）提出的量表开发步骤，参考现有量表开发的文献（Kim，2014；Kim et al.，2012；So et al.，2014），对游客自然联结的量表进行开发，主要包括三个步骤：量表测量项目生成、测量项目净化和量表检验。

4.1 游客自然联结初始测量项目的生成

游客自然联结初始测量项目的生成主要包括以下三个步骤。

首先，游客自然联结初始测量项目的提取包括以下方面：一是游客自然联结相关概念的中英文文献；二是中国传统文化书籍和文献资料，特别是反映儒家、道家、佛家的主张和思想的著作，比如《周易》《道德经》《禅说庄子》《老子与中国文化》《庄子自然观》等；三是近年来传统媒体和新媒体中“大众逃离都市、回归自然”的相关报道。通过以上来源，共提取出游客自然联结的63个初始测量项目。对于其中一些来源于英文文献的测量项目，本书根据布里斯林（Brislin，1980）的翻译和回译法对初始测量项目进行确认。先把英文测量项目翻译为中文，然后由另外2名具有中英文背景的博士研究生把中文翻译为英文，并与原文献中的英文测量项目进行对比，以确保翻译的准确性。在此过程中，要求其进一步对重复或意思相近的测量项目进行合并和剔除，经过此步骤，保留32个测量项目。

其次，选取25名具有湿地公园旅游经历的受访者分别进行深度访谈，主要针对游客自然联结的内涵及测量项目，以确定在文献资料研究之外，是否存在其他的测量项目。25 名受访者中，6 名为生态旅游、旅游目的地管理和营销研究背景的博士，3 名为旅游管理专业的在读博士生，16 名为湿地公园游客。访谈时间为 2015 年 7 月—8 月，每个受访者进行约为 30 分钟的半结构式访谈，请其回忆印象最深的一次在湿地公园旅游的经历，问题主要包括：在湿地公园旅游时，您是如何看待自身和自然之间的联系？您觉得自己是归属于自然的吗？您如何理解中国传统文化中提到的“天人合一”？您如何评价自身与自然的联系？对深度访谈的结果进行分析，受访者基本认同从文献中得到的测量项目，并另外增加了 3 个测量题项：“人类和自然相互依存，不可分割”“人类和自然应是和谐共处的关系”和“人类的福祉与自然的福祉息息相关”。

最后，基于文献分析和深度访谈得到的测量项目，分别组织了两轮由 8 人参加的焦点小组访谈。第一轮小组成员主要为具有旅游研究背景的硕士生和博士生，第二轮小组成员主要为具有湿地公园旅游经历的游客。焦点小组访谈的目的有两个：一是筛选和合并意思相近的游客自然联结测量项目，并进行确认和补充；二是评价测量项目是否恰当地反映了游客自然联结的内涵，以确定测量项目的有效性。经过两轮的访谈，得到游客自然联结的 21 个测量项目。

4.2　游客自然联结测量项目的内容效度

对上个步骤得到的 21 个游客自然联结的测量项目，进行内容效度评价（content validity）（Churchill，1979）。通过在线调研的方式随机选取具有湿地公园旅游经历的游客 30 名，请其结合自身在湿地公园中游览的经历，判断每个测量项目反映游客自然联结内涵的程度（样本 A）。本书使用李克特五点尺度量表（5 - point Likert - type scale），受访者对每个测量项目进行评分，其中，1 代表“完全不反映”，5 代表“完全反映”。如表 4 - 1 所示，受访者对每个测量项目评分的均值均大于 4.00，表明游客自然联结测量项目具有较高的内容效度。因此，保留 21 个测量项目。

表 4－1　　测量项目的内容效度（$N_1=30$）

编号	测量项目	均值
项目 1	我认为自己是自然的一部分，而不是独立于自然	4.63
项目 2	在游览湿地公园时，我感觉与自然是融为一体的	4.20
项目 3	我认为自己与大自然紧密相连	4.53
项目 4	人类和自然相互依存，不可分割	4.93
项目 5	人类有权利以任何方式使用自然资源*	4.60
项目 6	人类和自然应是和谐共处的关系	4.73
项目 7	人类与自然界的其他物种有很多共同之处	4.50
项目 8	动植物与人类享有平等的地位和权利	4.57
项目 9	对地球负责任的行为方式是我道德准则的一部分	4.77
项目 10	当处在自然中，我没有感到特别放松和自由*	4.60
项目 11	当处在自然中，我感到快乐和满足	4.70
项目 12	当处在自然中，我有一种心理上的安全感	4.40
项目 13	当处在自然中，我有一种愉悦的亲近感	4.73
项目 14	当处在自然中，我对大自然的奇特性感到敬畏	4.73
项目 15	成为大自然的一部分对于“我是谁”很重要	3.73
项目 16	到湿地公园旅游，与自然环境相连接，对我来说很重要	4.40
项目 17	如果不能时不时出去享受自然，我会觉得失去了生活的一个重要部分	4.37
项目 18	我觉得能够从自然体验中获得精神寄托	4.40
项目 19	我个人的福祉与大自然的福祉无关*	4.70
项目 20	我需要尽可能多地处在自然环境中	4.53
项目 21	如果有可能，我会经常花时间在自然情境中	4.30

注：* 为反向计分的题项，分析时已进行反向计算，下同。

4.3　游客自然联结量表的初步研究

4.3.1　问卷设计

初步研究的调研问卷由四个部分组成：第一部分是本次调查研究的目

的和背景说明，向受访者说明调查结果仅用于学术研究，所填写答案绝对保密，且无对错之分，确保受访者如实表达自己的想法。第二部分是游客自然联结的测量项目，使用李克特五点尺度量表进行测量，其中，1 为非常不同意，5 为非常同意。数字越大，表示越同意；数字越小，表示越不同意，游客根据游览的实际感受对测量项目进行评价。为了筛选有效问卷，对其中三个测量项目进行反向计分，分别为“人类有权利以任何方式使用自然资源”“当处在自然中，我没有感到特别放松和自由”和“我个人的福祉与大自然的福祉无关”。第三部分为亲环境行为量表的测量项目。第四部分为游客的社会人口统计因素，包括性别、年龄、职业、教育程度和个人月收入等信息。

4.3.2　数据收集与样本特征

初步研究采用便利抽样的方法，由西溪国家湿地公园“党员微笑亭”和“团员微笑亭”的工作人员和志愿者发放给在湿地公园内游览的游客。游客采用匿名自填式问卷法，填写完毕交回给工作人员和志愿者。研究者对收回的问卷进行汇总和筛选，按照以下标准对问卷进行剔除：①填写不认真，对于反向计分的测量项目，与前后所填写情况明显有悖的问卷；②连续十个测量项目填写完全一致的问卷；③有缺失信息的问卷。本次研究共发放 150 份调查问卷，有效问卷 115 份（样本 B），有效问卷率为 76.7%。本书使用 SPSS 21.0 软件对样本 B 进行分析，样本的描述性统计特征如表 4－2 所示，其中，男性占 46.1%，女性占 53.9%；年龄以 18～25 岁和 26～35 岁为主，分别占 40.0% 和 38.3%；从受教育程度来看，大学本科的比例最大，占 48.7%，其次为大专和研究生及以上，分别占 19.1% 和 13.9%；3000 元及以下的月收入占 40%，其次为 3001～5000 元和 5001～8000 元，比例分别占 25.2% 和 15.7%；职业类型以公司职员和政府/事业单位职工为主，分别占总人数的 26.1% 和 24.3%。西溪国家湿地公园具有原始质朴的自然景观，动植物资源丰富，具有良好的科普性和游览性，且到西溪湿地公园进行游览活动的多是以家庭为单位的亲子游，调研样本的年龄结构具有合理性。

表 4-2　　样本 B 特征描述性分析（$N=115$）

样本特征		频数	百分率（%）	样本特征		频数	百分率（%）
性别	男	53	46.1	年龄	18~25 岁	46	40.0
	女	62	53.9		26~35 岁	44	38.3
受教育程度	初中及以下	9	7.8		36~45 岁	18	15.7
	高中/中专	12	10.4		46~55 岁	4	3.5
	大专	22	19.1		56~65 岁	1	0.9
	大学本科	56	48.7		65 岁以上	2	1.7
	研究生及以上	16	13.9	职业	政府/事业单位职工	28	24.3
月收入	3000 元及以下	46	40.0		企业家/公司高管	4	3.5
	3001~5000 元	29	25.2		公司职员	30	26.1
	5001~8000 元	18	15.7		私营业主	8	7.0
	8001~10000 元	12	10.4		自由职业者	6	5.2
	10001~15000 元	5	4.3		家庭主妇	2	1.7
	15000 元以上	5	4.3		离退休人员	3	2.6
					在校学生	32	27.8
					其他	2	1.7

注：由于四舍五入，百分率列的总和有可能不总等于 100%，下同。

4.3.3　可靠性分析

初步研究使用 SPSS 21.0 软件对调查样本 B 进行描述性分析和可靠性分析，采用 Cronbach's α 系数检验量表测量项目的内部一致性。克莱恩（Kline，1998）建议，Cronbach's α 值小于 0.35 为信度过低；大于 0.35 小于 0.65，应重新修订研究工具或重新编制量表；0.65~0.70 为最小可接受的范围；0.70~0.80 表示相当好；0.80~0.90 表示非常好；0.90 以上表示测量或问卷的信度特别好。初步研究中测量项目的 Cronbach's α 为 0.894，表示初始测量项目信度良好。按照金等（Kim et al.，2012）的做法，根据校正的项总计相关性（corrected item-total correlation，CITC）和项已删除的 Cronbach's α 值对游客自然联结测量项目进行净化。如表 4－3 所示，项目 5、项目 9、项目 10 和项目 15 的 CITC 值小于 0.40，因此，将这四个项目从量表中删除，最终确定 17 个测量项目。

表 4－3　　　测量项目可靠性统计量（$N=115$）

编号	校正的项总计相关性 CITC	项已删除的 Cronbach's α 值	编号	校正的项总计相关性 CITC	项已删除的 Cronbach's α 值
项目 1	0.470	0.890	项目 12	0.704	0.884
项目 2	0.528	0.889	项目 13	0.619	0.888
项目 3	0.576	0.887	项目 14	0.584	0.887
项目 4	0.430	0.892	项目 15	0.239	0.903
项目 5	0.329	0.894	项目 16	0.665	0.885
项目 6	0.450	0.891	项目 17	0.627	0.886
项目 7	0.459	0.891	项目 18	0.714	0.883
项目 8	0.454	0.891	项目 19	0.603	0.887
项目 9	0.341	0.893	项目 20	0.568	0.888
项目 10	0.394	0.892	项目 21	0.620	0.886
项目 11	0.549	0.889			

4.4　游客自然联结量表的正式研究

4.4.1　问卷设计

正式研究主要采用初步研究最终确定的 17 个测量项目作为正式问卷进行大规模调查。调研问卷包括五个部分：第一部分是本次调查研究的目的和背景说明，向受访者说明调查结果仅用于学术研究，所填写答案绝对保密，且无对错之分，确保受访者如实表达自己的想法。第二部分是游客游览的基本特征，包括第几次游览西溪湿地；平均多久游览一次西溪湿地；与其一同游览的几个人，分别是谁；游览西溪湿地的动机等问题。第三部分是游客自然联结的 17 个测量项目，使用李克特五点尺度量表进行测量。

为了筛选有效问卷，对测量项目“我个人的福祉与大自然的福祉无关”进行反向计分。第四部分为亲环境行为量表（9 个测量项目）、亲环境身份认同量表（5 个测量项目）和个人规范量表（4 个测量项目），使用李克特五点尺度量表进行测量，其中 1 为非常不同意，5 为非常同意。数字越大，表示越同意；数字越小，表示越不同意，游客根据游览的实际感受对测量项目进行评价。第五部分为游客的人口统计因素，包括性别、年龄、教育程度、职业、个人月收入和当前居住地等信息。

4.4.2 数据收集

正式研究采用便利抽样的方法，调研时间为“十一”黄金周假日，因此本次调研的潜在受访群体数量庞大。在西溪国家湿地公园管理委员会的安排下，研究者和 5 位调查员统一着装，以志愿者的身份进入景区，可以自由出入景点、乘坐游船。5 位调查员在经过调研培训之后，分别到人流较为聚集的码头或景点（西溪国家湿地公园一期工程的游船码头、二期工程的深潭口游船码头、河渚街、蒋村集市和三期工程的洪氏宗祠）开展调研活动。调查员均加入建立的调研小组微信群保持信息通畅，若有任何突发情况能够得到及时反馈和解决。调查员发放问卷给在湿地公园内游览的游客，游客采用自填式问卷法，填写完毕交回给调查员，每位填写问卷的受访者都将获得一支卡通笔作为奖励。

研究者对回收的问卷进行汇总和筛选，按照以下标准对问卷进行剔除：①填写不认真，对于反向计分的测量项目，与前后所填写情况明显有悖的问卷；②连续 10 个测量项目填写完全一致的问卷；③有缺失信息的问卷。本次调研共发放 900 份调查问卷，回收 852 份，回收率为 94.7%。其中有效问卷 666 份（记为样本 C），有效问卷率为 78.2%。

4.4.3 自然联结的因子结构——探索性因子分析

利用 SPSS 21.0 软件的随机个案选择把样本 C 分成两个数量大致相等

的样本，记为样本 C_1（$N=331$）和样本 C_2（$N=335$）。样本 C_1 作为校准样本（calibration sample），对游客自然联结做探索性因子分析，产生潜在的因子结构；样本 C_2 作为确认样本（validation sample），对游客自然联结量表做验证性因子分析，检验因子的理论结构。

1. 样本描述性统计分析

正式研究使用 SPSS 21.0 软件对校准样本 C_1 进行描述性统计分析。由表 4－4 可知，17 个测量项目的均值都在 4.0 以上，标准差均小于 1，表示受访者对与游客自然联结的测量项目持较为认同的意见，且对于测量项目的评分较为稳定。克莱恩（Kline，1998）指出，当偏度系数绝对值小于 3，峰度系数绝对值小于 10 时，视为符合单变量正态分布。17 个测量项目偏度绝对值均小于 3，峰度绝对值均小于 10，因此，测量项目并未违反正态分布的假设。

表 4－4　　样本 C_1 描述性统计分析（$N=331$）

编号	均值	标准差	偏度		峰度	
	统计量	统计量	统计量	标准差	统计量	标准差
项目 1	4.56	0.674	−1.342	0.134	0.960	0.267
项目 2	4.23	0.798	−0.826	0.134	0.525	0.267
项目 3	4.39	0.744	−0.807	0.134	−0.593	0.267
项目 4	4.79	0.469	−2.203	0.134	4.190	0.267
项目 5	4.77	0.499	−2.151	0.134	3.851	0.267
项目 6	4.55	0.623	−1.125	0.134	0.554	0.267
项目 7	4.54	0.697	−1.580	0.134	2.664	0.267
项目 8	4.56	0.622	−1.100	0.134	0.140	0.267
项目 9	4.40	0.708	−0.910	0.134	0.116	0.267
项目 10	4.61	0.568	−1.152	0.134	0.345	0.267
项目 11	4.50	0.736	−1.438	0.134	1.517	0.267
项目 12	4.22	0.737	−0.609	0.134	0.071	0.267
项目 13	4.25	0.793	−0.656	0.134	−0.560	0.267
项目 14	4.31	0.743	−0.648	0.134	−0.610	0.267
项目 15*	4.64	0.609	−1.485	0.134	1.085	0.267
项目 16	4.52	0.653	−1.015	0.134	−0.113	0.267
项目 17	4.01	0.891	−0.360	0.134	−0.727	0.267

注：* 为反向计分的题项，分析时已进行反向计算。

2. 可靠性分析

正式研究同样采用 Cronbach's α 系数检验量表测量项目的内部一致性。样本 C_1 测量项目的 Cronbach's α 为 0.874，根据克莱恩（Kline，1998）的标准，0.80 ~ 0.90 表示信度系数非常好，说明游客自然联结的测量项目具有良好的信度。按照金等（2012）的做法，根据校正的项总计相关性（corrected item – total correlation，CITC）和项已删除的 Cronbach's α 值对游客自然联结测量项目进行净化。如表 4 – 5 所示，项目 4、项目 5 和项目 7 的 CITC 值小于 0.40，因此，将这三个项目从量表中删除，最终确定 14 个测量项目。

表 4 – 5　可靠性统计量（$N = 331$）

编号	校正的项总计相关性 CITC	项已删除的 Cronbach's α 值
项目 1	0.426	0.870
项目 2	0.502	0.868
项目 3	0.533	0.866
项目 4	0.362	0.872
项目 5	0.366	0.872
项目 6	0.423	0.870
项目 7	0.367	0.873
项目 8	0.612	0.863
项目 9	0.626	0.862
项目 10	0.606	0.864
项目 11	0.519	0.867
项目 12	0.592	0.864
项目 13	0.519	0.867
项目 14	0.640	0.861
项目 15	0.411	0.871
项目 16	0.574	0.865
项目 17	0.496	0.869

3. 探索性因子分析

本书使用样本 C_1 的 331 份调查问卷进行探索性因子分析（exploratory factor analysis，EFA），在因子分析之前，使用 Kaiser - Meyer - Olkin（KMO）值和 Bartlett's 球形检验的 χ^2 值判断样本数据进行因子分析的适合性。数据分析结果表明，样本的 KMO 值为 0.915，Bartlett's 球形检验的 χ^2 值为1650.114，自由度为105，显著性水平小于0.001，达到显著水平，表明样本数据适合进行探索性因子分析。

本书采用主成分分析法（principal component analysis）提取游客自然联结的潜在因子，选用最大方差法进行因子旋转，选取特征值大于 1 的因子。在因子分析时，采取的删除原则为：①测量项目的共同度小于 0.40；②因子负载小于 0.50；③交叉因子负载大于 0.4（Hair et al.，2010；Kim et al.，2012）。基于这一原则，项目 6 和项目 15 的共同度小于 0.4，项目 15 的因子负载小于 0.50，因此予以删除。对保留的 12 个测量项目进行可靠性分析，Cronbach's α 值为 0.866，信度系数良好（Kline，1998）。KMO 值为 0.899，Bartlett's 球形检验的 χ^2 值为 1367.034，自由度为 66，显著性水平小于 0.001，达到显著水平。因此，对保留的 12 个测量项目再次进行探索性因子分析。根据海尔等（Hair et al.，2010）的建议，基于以下标准来确定因子和测量项目：①特征值大于 1；②因子负载大于 0.50；③特征值的碎石图；④因子是否有意义。探索性因子分析的结果和信度系数如表 4 - 6 和表 4 - 7 所示，因子 1、因子 2 和因子 3 的信度系数分别为 0.681、0.814 和 0.786，且删除任何一个测量项目后 Cronbach's α 都不会提高，表明游客自然联结的测量项目信度较好。游客自然联结量表的总体 Cronbach's α 值为 0.866。游客自然联结的内容结构呈现三因子结构，总方差解释量为 60.418%。

基于文献分析和每个因子包含的测量项目的语义分析，对三个潜在因子分别命名为“自然认同”“情感依附”和“自然依赖”（见表 4 - 6）。信度系数 Cronbach's α 值分别为 0.681、0.814 和 0.786（见表 4 - 7），均符合克莱恩（Kline，1998）建议的信度标准。

表 4－6　　　　游客自然联结的探索性因子分析（$N=331$）

因子	编码	测量项目	因子载荷			特征值	方差解释量（%）
自然认同	NI1	我认为自己是自然的一部分，而不是独立于自然	0.737	0.150	0.049	4.995	41.626
	NI2	在游览湿地公园时，我感觉与自然是融为一体的	0.750	0.169	0.190		
	NI3	我认为自己与大自然紧密相连	0.737	0.142	0.221		
情感依附	EA1	当处在自然中，我感到快乐和满足	0.278	0.666	0.242	1.225	10.204
	EA2	当处在自然中，我有一种心理上的安全感	0.166	0.782	0.275		
	EA3	当处在自然中，我有一种愉悦的亲近感	0.169	0.816	0.199		
	EA4	当处在自然中，我对大自然的奇特性感到敬畏	0.073	0.730	0.222		
自然依赖	ND1	到湿地旅游与自然环境相连接，对我来说很重要	0.367	0.198	0.600	1.030	8.587
	ND2	如果不能时不时出去享受自然，我会觉得失去了生活的一个重要部分	0.081	0.213	0.718		
	ND3	我觉得能够从自然体验中获得精神寄托	0.293	0.396	0.554		
	ND4	我需要尽可能多地处在自然环境中	0.089	0.266	0.727		
	ND5	如果有可能，我会经常花时间到大自然中	0.127	0.156	0.726		
累计方差解释量							60.418
KMO = 0.899；Bartlett's test of sphericity：$\chi^2=1367.034$，$df=66$，$p<0.000$							

注：NI = Nature Identity，自然认同；EA = Emotional Affinity，情感依附；ND = Nature Dependence，自然依赖。下表同。

表 4-7　　　　游客自然联结三因子的信度系数（$N=331$）

因子	编码	项已删除的 Cronbach's α 值
自然认同（$\alpha=0.681$，$M=4.390$）	NI1	0.657
	NI2	0.549
	NI3	0.539
情感依附（$\alpha=0.814$，$M=4.520$）	EA1	0.786
	EA2	0.738
	EA3	0.742
	EA4	0.797
自然依赖（$\alpha=0.786$，$M=4.261$）	ND1	0.749
	ND2	0.744
	ND3	0.735
	ND4	0.741
	ND5	0.761

第一个因子“自然认同”，包括 3 个测量项目，分别为“我认为自己是自然的一部分，而不是独立于自然”“在游览湿地公园时，我感觉与自然是融为一体的”和“我认为自己与大自然紧密相连”。该因子特征值为 4.995，方差解释量为 41.626%。

第二个因子“情感依附”，包括 4 个测量项目，分别为“当处在自然中，我感到快乐和满足”“当处在自然中，我有一种心理上的安全感”“当处在自然中，我有一种愉悦的亲近感”和“当处在自然中，我对大自然的奇特性感到敬畏”。该因子特征值为 1.225，方差解释量为 10.204%。

第三个因子“情感依赖”，包括 5 个因子，分别为“到湿地旅游与自然环境相连接，对我来说很重要”“如果不能时不时出去享受自然，我会觉得失去了生活的一个重要部分”“我觉得能够从自然体验中获得精神寄托”“我需要尽可能多地处在自然环境中”和“如果有可能，我会经常花时间到大自然中”。该因子特征值为 1.030，方差解释量为 8.587%。

4.4.4　自然联结的因子结构——验证性因子分析

上述探索性因子分析得到了包含 12 个项目的三维度游客自然联结内容结构，然而仅仅根据探索性因子分析，还不能确定游客自然联结的内容结构即为上述三因子模型。只有通过验证性因子分析（confirmatory factor analysis，CFA），才能进一步检验探索性因子分析得到的游客自然联结模型。因此，研究者使用样本 C_2 作为确认样本（validation sample），对游客自然联结量表做验证性因子分析，检验游客自然联结的理论结构。本书使用 AMOS 21.0 软件的最大似然估计方法，对游客自然联结的测量模型和测量项目进行验证性因子分析，来判断测量模型与样本数据的拟合程度。

1. 信度分析

信度是指同一个概念的多个测量项目的一致性程度（Hair et al.，2010），是以实际反映真实量数的一种指针（吴明隆，2003）。如何选择信度估计的方法，取决于测量的目的和计算信度工具的可利用性。本书选取三种信度进行分析：个别信度、内部一致性信度和组合信度。

（1）个别信度。观察变量的 R^2 可以通过潜在变量的信度反映出来。个别信度指每一个测量项目的信度，即标准化系数值的平方，其值必须大于 0.20（Bentler & Wu，1993）。表 4－8 列出了样本 D 中测量项目的个别信度。由表中数据可知，游客自然联结测量项目的个别信度都满足 0.20 以上的条件。

表 4－8　　游客自然联结内容结构个别观测变量的信度（$N=335$）

测量项目	个别信度	测量项目	个别信度
NI1	0.374	EA4	0.286
NI2	0.593	ND1	0.629
NI3	0.493	ND2	0.465
EA1	0.609	ND3	0.552
EA2	0.668	ND4	0.401
EA3	0.775	ND5	0.346

（2）内部一致性信度。本书采用 Cronbach's α 系数检验量表测量项目的内部一致性，分析结果见表 4-9。游客自然联结的三个因子自然认同、情感依附和自然依赖的信度系数分别为 0.734、0.829 和 0.811。按照克莱恩（1998）的建议，Cronbach's α 系数大于 0.7，表示三个因子测量项目的信度良好。其中，对于第二个因子情感依附，如果删除测量项目 EA4，其 Cronbach's α 值由 0.829 提高到 0.860，但是考虑到该测量项目对于情感依附的理论意义，且该因子本来的信度系数已达到 0.8 以上，删除 EA4 也并未得到大幅度提高，故保留该测量项目。游客自然联结总体内部一致性系数为 0.888。

表 4-9　　信度分析（N=335）

因子	测量项目	均值	校正的项总计相关性 CITC	项已删除的 Cronbach's α 值
自然认同（α=0.734，M=4.371）	NI1	4.54	0.511	0.701
	NI2	4.22	0.614	0.577
	NI3	4.35	0.553	0.653
情感依附（α=0.829，M=4.436）	EA1	4.49	0.695	0.769
	EA2	4.33	0.694	0.766
	EA3	4.51	0.774	0.737
	EA4	4.41	0.499	0.860
自然依赖（α=0.811，M=4.239）	ND1	4.30	0.660	0.757
	ND2	4.26	0.627	0.766
	ND3	4.25	0.641	0.762
	ND4	4.47	0.572	0.784
	ND5	3.91	0.537	0.805

（3）组合信度。组合信度（composite reliability）是评价一组潜在构念指标的一致性程度，即所有测量项目分享该因子构念的程度。组合信度的值要通过标准化的因子负荷量来计算，计算公式为：组合信度 = $(\Sigma\lambda)^2/[(\Sigma\lambda)^2+\Sigma(1-\lambda^2)]$。其中，$\lambda$ 指观察变量在潜在变量上的标准化系数（因素负荷量）；Σ 指把潜在变量的指标变量值加总。组合信度指标也属于内部一致性的指标，其值越高，表示测量指标间具有的内在关联越高

（黄芳铭，2004）。组合信度在0.6以上，表示潜变量的组合信度良好（Bagozzi & Yi，1988）。本书通过在验证性因子分析中得出的因子负载来计算组合信度。如表4－10所示，游客自然联结三个潜在因子的组合信度分别是0.738、0.837和0.800，远超过0.60的标准（Bagozzi & Yi，1988；吴明隆，2010），表明三个潜在因子具有良好的信度。

表4－10　　游客自然联结的验证性因子分析（N＝335）

因子	测量项目	标准化因子载荷（SFL）	T值（p value）	标准化系数值的平方（SMC）	组合信度（CR）
自然认同	NI1	0.612	11.008***	0.374	0.738
	NI2	0.770	14.425***	0.593	
	NI3	0.702	13.000***	0.493	
情感依附	EA1	0.780	16.341***	0.609	0.837
	EA2	0.817	17.517***	0.668	
	EA3	0.880	19.572***	0.775	
	EA4	0.535	10.056***	0.286	
自然依赖	ND1	0.793	16.396***	0.629	0.800
	ND2	0.682	13.238***	0.465	
	ND3	0.743	14.899***	0.552	
	ND4	0.633	12.082***	0.401	
	ND5	0.588	11.019***	0.346	

注：*** 表示 $p<0.001$。

2. 效度分析

效度指一个测试对其所要测量的特性测量程度的估计，测试的效度是对测试本身的检验，即测试的结果对其所要完成的目标能达到何种有效的程度（凌文辁和方俐洛，2003）。效度种类较多，本书选用的效度包括内容效度和表面效度、结构效度、聚合效度和区分效度。

（1）内容效度和表面效度。内容效度（content validity）指量表的内容是否能够测量它要测量的主题。表面效度（face validity）指一个测试是否

"看起来有效"（Churchill，1979）。如表 4－9 所示，受访者对每个测量项目评分的均值均大于 3.9，表明游客自然联结测量项目具有较高的内容效度。在调研问卷开发过程中，量表的测量项目是基于严谨的文献分析，及对 9 名具有旅游相关专业背景的游客进行深度访谈，并实施两轮的焦点小组访谈基础上产生的，之后对调查问卷进行预测试和初步研究。从测量结果和操作过程来分析，量表具有较高的表面效度和内容效度。

（2）结构效度。结构效度指某个测量正确地验证理论构想的程度（凌文辁和方俐洛，2003）。如表 4－7 和表 4－9 所示，探索性因子分析结果的 3 个因子结构清晰，解释总方差的 60.418%，各项指标均达到要求，表明具有良好的结构效度。当探索性因子分析的结果与验证性因子分析的结果具有较高一致性时，可认为问卷具有良好的结构效度。本书中验证性因子分析和探索性因子分析的因子载荷基本相一致，各项指标符合要求，且验证性因子分析的结果与研究的理论模型具有较高程度的一致性。

（3）聚合效度。聚合效度指同一个概念的测量项目之间的一致性程度（Bagozzi & Phillips，1982）。宾特勒和吴（Bentler & Wu，1993）认为，聚合效度的标准为：观测指标的因子负载达到显著水平，且大于 0.45，方向性要正确。所有测量项目在各自因子上的因子负载均大于 0.50，且在 0.001 的水平上高度显著（T 值介于 11.008～19.572）（见表 4－10）。福内尔和拉克（Fornell & Larcker，1981）指出，潜在变量的聚合效度可用组合信度来衡量。经过计算，三个潜在因子的组合信度分别是 0.738、0.837 和 0.800，说明三个因子的测量项目具有较高的聚合效度。

（4）区分效度。区分效度（discriminant validity）指不同概念的测量项目之间的差异程度（Bagozzi & Phillips，1982）。本书按照巴戈齐和菲利普斯（Bagozzi & Phillips，1982）的方法，采用竞争模型比较法来评价游客自然联结量表的区分效度。比较未限制模型（潜在概念间的相关系数不加以限制，参数为自由估计参数）与限制模型（潜在概念间的相关系数限制为 1，参数为固定参数）的 χ^2 值和自由度。若未限制模型的 χ^2 值显著低于限制模型的 χ^2 值，说明这两个模型之间存在显著的差异，两个概念具有较高的区分效度。每次对两个概念进行比较，共进行三组。分析结果表明（见

表4－11），三组概念的$\Delta\chi^2$值均在0.001的水平上显著，表明三个潜在因子间具有明显的区分效度。另外，区分效度还可通过一组概念相关性的置信区间来判断（Bagozzi & Phillips，1982；邱皓政和林碧芳，2009），如果两个潜在概念之间相关系数的95%置信区间没有包括1.00，表示该相关系数显著不等于1.00，则这两个概念具有区分效度。分析结果显示，三组概念的置信区间分别为［0.546，0.779］、［0.705，0.854］和［0.553，0.784］，均不包括1（见表4－11），说明游客自然联结的三个因子之间具有较好的区分效度。

表4－11　　量表的区分效度（$N=335$）

因子	χ^2 检验		置信区间	
	$\Delta\chi^2$	Δdf	Lower	Upper
自然认同 vs. 情感依附	89.309***	1	0.546	0.779
情感依附 vs. 自然依赖	111.548***	1	0.705	0.854
自然认同 vs. 情感依赖	82.367***	1	0.553	0.784

注：*** 表示 $p<0.001$。

区分效度也可从因子的含义和测量项目上来体现，游客自然联结三个因子各自的测量项目的含义具有明显的区别。“我认为自己是自然的一部分，而不是独立于自然”“在游览湿地公园时，我感觉与自然是融为一体的”和“我认为自己与大自然紧密相连”表达人对人和自然关系的认同。“当处在自然中，我感到快乐和满足”“当处在自然中，我有一种心理上的安全感”“当处在自然中，我有一种愉悦的亲近感”和“当处在自然中，我对大自然的奇特性感到敬畏”表达了人与自然相连接获得的情感内容。“到湿地旅游与自然环境相连接，对我来说很重要”“如果不能时不时出去享受自然，我会觉得失去了生活的一个重要部分”“我觉得能够从自然体验中获得精神寄托”“我需要尽可能多地处在自然环境中”“如果有可能，我会经常花时间到大自然中”则表达了人对于自然的依赖。

综合不同的反映测量项目区分效度的方法，可以得出游客自然联结量表具有较高的区分效度。

3. 模型拟合指标

验证性因子分析的结果显示了预设模型与实际数据的拟合程度，本书主要根据卡方值（χ^2）、卡方与自由度比值（χ^2/df）、标准化均方根残差（standardized root mean square residual，SRMR）、近似均方根残差（root mean square error of approximation，RMSEA）、适配度（goodness - of - fit index，GFI）、规范适配指数（normed fit index，NFI）、增值适配指数（incremental fit index，IFI）、非规准适配指数（tacker - lewis index = non - normed fit index，NNFI）、比较适配指数（comparative fit index，CFI）等指标来判断假设模型与样本数据的拟合程度。

（1）卡方值（χ^2）越小，表示假设模型的路径图与实际数据越适配，但卡方值对测试样本的大小非常敏感。样本量越大，则χ^2越容易达到显著水平。因为χ^2值受估计参数及样本量影响很大，因此，使用现实数据来对理论模型评价时，χ^2统计值通常的帮助不大。若样本量在200以上，整体模型是否适配，需要再参考其余的适配度指标（吴明隆，2010）。

（2）卡方自由度比值χ^2/df越小，说明假设模型的协方差矩阵与观测数据适配度越好；卡方自由度比值χ^2/df越大，说明模型与观测数据的适配度越差。χ^2/df的值若在1和3之间，表明模型适配良好（吴明隆，2010），较为严格的适配度标准是介于1和2之间（Carmines & McIver，1981）。

（3）标准化残差均方和平方根（SRMR）的值介于0和1之间，数值越大表明模型与数据的契合度越差。一般而言，适配模型的SRMR可接受的值为0.05以下（吴明隆，2010）。

（4）渐进残差均方和平方根（RMSEA）通常被看作最重要的适配指标。马什和巴拉（Marsh & Balla，1994）指出，与卡方值相比，RMSEA的值较为稳定，其数值不容易受到样本数量多少的影响，在评价模型契合度时，RMSEA的值比其他指标数值更具有参考价值。通常来说，RMSEA的值大于0.10时，认为模型与数据的适配度欠佳；其值大于0.08且小于0.10时，认为模型普通适配；其值大于0.05且小于0.08时，表示模型良好，合理适配；其值小于 0.05 时，说明模型适配度非常好（Browne & Cudeck，1993）。

（5）适配度指标（goodness - of - fit index，GFI），指观察矩阵中的方差和协方差能够被复制矩阵预测得到的量。在结构方程模型中，GFI 指假设模型协方差能够解释观察数据协方差的程度。GFI 值在 0 和 1 之间，越接近 1，说明模型的适配度越好。学术界被多数学者采用的标准是 GFI 值大于 0.90，表示假设模型与观测数据之间有良好的适配度。

（6）增值适配度统计量是将待检验的假设理论模型与基准线模型的适配度进行比较，以判断模型的契合度。具体包括规范适配指数（NFI）、增值适配指数（IFI）、非规准适配指数（TLI）和比较适配指数（CFI）。这些指标用于判别假设模型与实际观测数据是否适配的标准均在 0.90 以上（吴明隆，2010）。

对游客自然联结的验证性因子分析结果显示（见表 4 - 12）：χ^2 = 99.418，$df = 51$，χ^2/df = 1.949，$p < 0.001$。其他拟合指数为 RMSEA = 0.053，SRMR = 0.023，GFI = 0.955，NFI = 0.944，TLI = 0.972，CFI = 0.972，表明验证性因子分析模型和样本数据拟合较好，样本 D 的数据较好地验证了游客自然联结的因子结构。

表 4 - 12　游客自然联结预设模型与观测数据的拟合指数（N = 335）

χ^2	df	χ^2/df	RMSEA	SRMR	GFI	NFI	IFI	TLI	CFI
99.418	51	1.949	0.053	0.023	0.955	0.944	0.972	0.963	0.972

注：RMSEA = 渐进残差均方和平方根；SRMR = 标准化残差均方和平方根；GFI = 适配度指数；NFI = 规范适配指数；IFI = 增值适配指数；TLI = 非规准适配指数；CFI = 比较适配指数。下表同。

4. 竞争模型比较

结构方差模型方法可以通过比较多个模型相互之间的优劣，以选取最佳的匹配模型。本书中把三因子模型和单因子模型进行比较，来判断三因子模型是否为最佳的模型。单因子模型假设这 12 个项目均是游客自然联结这个因子的测量项目，三因子模型假设这 12 个测量项目分别属于 3 个潜在因子，最后对两次验证性因子分析的结果进行对比分析。拟合指数如表 4 - 13 所示，三因子模型与数据的拟合程度远高于单因子模型与数据的拟合程度。在拟合指标中，增加非集中性参数（non - centrality paremeter，NCP），该指标主要用于相等样本量的情况下多个模型优劣程度的比较，即计算结构方程模型估计得到的 χ^2 值距离最佳模型的中心 χ^2 分布的离散程度，数值越小越好（邱皓政，2004）。两模型的 χ^2 值之差 $\Delta\chi^2 = 186.628$，在 0.001 的水平上显著，χ^2 检验结果也表明，三因子模型显著优于单因子模型。因此，三因子模型是较为理想的游客自然联结的内容结构模型。

表 4 - 13　　竞争模型比较（$N = 355$）

模型	χ^2	df	χ^2/df	NCP	RMSEA	GFI	NFI	IFI	TLI	CFI
单因子模型	286.046	54	5.297	232.046	0.113	0.858	0.838	0.865	0.834	0.864
三因子模型	99.418	51	1.949	48.418	0.053	0.955	0.944	0.972	0.963	0.972

注：NCP = 非集中性参数。

4.4.5　自然联结的二阶因子分析

一阶验证性因子分析结果显示，游客自然联结的三个因子自然认同、情感依附和自然依赖之间具有高度的相关性（分别为 0.672、0.785 和 0.691），且一阶验证性因子分析模型与观测数据可以适配。基于此，本书认为，这三个一阶因子都受到了一个抽象的较高阶因子的影响。为了进一步检验这三个因子是否为同一个高阶因子的子因子，本书使用 AMOS 21.0 软件的最大似然估计方法（maximum likelihood），对游客自然联结的测量项目进行二阶因子分析。分析结果表明（见表 4 - 14）：三个一阶因子与二阶的路径系数在 0.001 的水平上高度显著（T 值分别在 9.101 和 13.139 之间），二阶因子模型与样本数据的拟合程度较好。因此，自然认同、情感依附和自然依赖这三个一阶因子是游客自然联结这个二阶因子的子因子。

表 4-14　　二阶因子分析结果（$N=355$）

二阶因子	一阶因子	标准化估计值	C. R. （值）
游客自然联结	自然认同	0.769	9.101***
	情感依附	0.873	12.874***
	自然依赖	0.898	13.139***
模型拟合指标			
χ^2	99.418	GFI	0.955
df	51	NFI	0.944
χ^2/df	1.949	IFI	0.972
RMSEA	0.053	TLI	0.963
SRMR	0.023	CFI	0.972

注：*** 表示 $p<0.001$。

4.4.6　自然联结量表的中西比较分析

本书把通过实证研究开发的游客自然联结量表与梅耶和弗朗茨（Mayer & Frantz，2004）的游客自然联结量表及尼斯贝特等（Nisbet et al.，2009）的自然相关性量表的内容结构进行比较。梅耶和弗朗茨（Mayer & Frantz，2004）开发了一个包括 14 个项目的游客自然联结量表（CNS），并指出此量表测量的是人与自然的情感性连接。但是，CNS 测量项目的总方差解释量仅有 38%，且有 4 个测量项目的因子载荷在 0.50 以下。通过对这 14 个项目的内容分析发现，项目 2 "我认为自然就是我所属的社群"，项目 12 "当我想到我在地球上的位置，我认为自己属于自然界高层级中的一员"和项目 14 "我个人的福利与自然界的福利无关" 测量的是受访者对于自然的认知信念和态度，并非情感连接。佩林和贝纳西（Perrin & Benassi，2009）对梅耶和弗朗茨（2004）的数据进行再次分析，并重新收集数据，也指出其实质上测量的是认知信念。本书得到的因子"自然认同"测量的是游客对自然身份的认同，与梅耶和弗朗茨（2004）的 CNS 量表具有相似之处。

尼斯贝特等（Nisbet et al.，2009）提出了"自然相关性"（NR）的概念，并开发了一个包括 21 个测量项目的量表。他们认为，自然相关性包括情感、认知和体验三个方面，并提取出三个因子：NR—自我，NR—观念，NR—体验。其中，NR—自我指个体内化的自然认同，反映了个体与自然连接的情感和思想；NR—观念反映了个体外在的、与自然相关的世界观，以及人类行为对自然界生物的影响；NR—体验反映了与自然界的物理联系，如对自然的熟悉度、舒适度和接触自然的渴望。但是，NR 的三个因子总方差解释量仅有 34%，且三因子结构不稳定。虽然理论上提出有三个因子存在，但实证结果显示，单因子结构和三因子结构都是可行的。本书得到的结果与尼斯贝特等（2009）的自然相关性的因子结构有相似之处，但也存在一定的区别。相似之处体现在都认为游客自然联结不仅包括认知信念，还包括人在自然中的情感体验；区别在于：①本书中游客自然联结三个因子的总方差解释量达到 60.418%，远高于梅耶和弗朗茨的 38% 以及尼斯贝特等的 34%。②本书把人与自然相联系的认知信念和情感体验剥离出来，分别提取了两个因子：自然认同和情感依附，而 NR 中对于情感、认知和体验的内涵却并未清晰地反映出来，自我和观念两个因子均反映了认知和情感。③本书得到了自然依赖为游客自然联结的重要内涵，在尼斯贝特等的研究中并未有类似的结果。自然依赖体现了中国传统文化中“人与自然和谐共生”的价值观念。“道法自然”和“天人合一”构成了人类社会与自然和谐共生的法则（丁常云，2006）。“天人合一”是中国古代最基本的哲学思想之一，也是中国人思维方式的重要组成部分。儒家素来就有“天人相通、天人一体”的主张和思想，人与人之间、人与万物之间都是互相联系的，人处在自然当中，要尊重和爱惜自然界的万物。孟子提出的“不违农时，谷不可胜食也”，反映了人是自然的一部分，人类活动要顺应自然规律。道家提倡“无为而治”和“道法自然”的思想，主张人要顺应自然，遵循自然界的规律，不赞成人类对自然界的过多干预和干扰，更不能为了满足自己的欲望而肆意违背自然规律。佛教推崇“众生平等”的思想，强调人与自然平等、人与自然万物平等，主张善待生命，并将素食作为强制的行为规范。由于受到中国传统文化的影响，中国人认定人与自然是共生共存的关系。要实现人类社会与大自然的和谐共处，就应当尊重自然、保护自然，尊重一切生物的自然本性，以理性、节制的态度对大自然进行改造与索取，在此基础上形成与自然互惠共生、相互依赖的关系。西方生态旅游的开发倾向于将人类的活动与自然生态环境隔离开来，甚至很少人为修建人文景观，游客可以完全置身于大自然中（Donohoe & Lu，2009）。与西方生态旅游开发相比，中国的生态旅游开发则总是倾向于自然资源与人文资源相结合，在景区景点内设置人文景观和文化景观，以增强游客的游览体验。巴克利等（Buckley et al.，2008）通过研究发现，中国生态旅游的发展并不像西方生态旅游中严格限制游客规模，反而倾向于自然生态和文化的结合，注重游客在大自然中放松身心、舒缓压力和促进身体健康。

值得注意的是，在游客自然联结的三个因子中，情感依附是游客处于自然环境中，受到外部自然环境诱发最容易产生的简单情感反应，具有纯粹显露效应（mere exposure effect）（Zajonc，1980），即使游客并未对人类与自然的关系进行认知加工，对大自然的积极情感反应也可以发生。扎约克（Zajonc，1984）指出，情感与认知是部分独立的两个系统，虽然通常都是结合在一起发生作用，但是情感评价可以不依赖预先的认知加工而独立进行。情感优先假说（affective primacy hypothesis）认为，即使个体对特定对象的信息加工很有限，还是会对其作出情感反应（Zajonc，1980）。墨菲和扎约克（Murphy & Zajonc，1993）的一系列实验也支持情感优先假说，认为情感加工有时会早于认知加工。根据这一假说，可以推断，加工特定对象的简单情感属性在速度上要比加工更高级的认知属性快得多。因此，个体对特定对象的情感反应可以不依赖有意识的认知加工而独立存在，在缺乏任何有意识的认知加工的情况下，情感反应也可以发生。自然认同强调游客对人和自然产生关联的自然身份的认知，与初级的简单情感反应相比，属于更高一级的认知属性。自然依赖则上升到人和自然产生关联的精神层面，追求人类与自然的和谐统一。自然依赖是游客自然联结三个维度中最高级的形式，也是东方情境与西方研究的显著区别，反映了“天人合一”的传统观念，人是自然的一部分，与自然是共生共存的关系。自然对于人类的生存来说是非常重要的，人类在利用自然和改造自然的同时，应当尊重一切生物的自然本性，尽可能地保护自然，对自然的索取必须保持一种理性的节制。因此，本书得到的游客自然联结三个因子在理论上是逐层递进的关系，分别反映人与自然联结的不同层次，每个层次又都具有独特的理论内涵。

第5章

城市湿地公园游客自然联结对亲环境行为的影响机制研究（概念层面）

5.1 概念模型构建和研究假设

5.1.1 概念模型构建

以往文献中有诸多描述人和空间关系的术语，包括地方感（Jorgensen & Stedman，2001）、地方依恋（Halpenny，2006，2010）、社区依恋（Perkins & Long，2002）、环境身份（Clayton，2003）及自然关联性（Mayer & Frantz，2004）等概念。社会学家们认为，与地方相关的概念可被视为态度变量。态度是一种内在的状态，指个体对特定对象的反应方式，这种积极或消极的反应是能够进行评价的，通常体现在个体的信念、感觉或行为倾向中（Olson & Zanna，1993）。自然联结的对象是自然或自然的某些组成部分，以此逻辑，自然联结在理论上可被视为基于人们评估性反应的一种态度（Perrin & Benassi，2009；Brügger et al.，2011）。

本书的概念模型建立在计划行为理论、价值—信念—规范理论模型和身份认同理论的基础上，从游客心理层面出发，探究在旅游过程中，游客自然联结对亲环境行为的影响机制。舒尔茨（Schultz，2000）认为，事物的价值取决于人们把该事物纳入自我感知的程度，因而随着人与自然联结的增强，个体会表现出更多的亲环境行为（Gosling & Williams，2010；Restall & Conrad，2015）。亲环境行为被认为兼具自我利益的动机和亲社会的动机（Bamberg & Moser，2007）。价值—信念—规范理论（Stern，2000）指出，环境态度通过个人规范的激活对个体的亲环境行为产生影响。因此本书在概念模型中增加"个人规范"对亲环境行为的影响作用。根据亲生命性假说，人类天生具有从属于自然，并与自然相联系的需求（Wilson，1984）。人类对自然的归属使得个体具有"生态身份"或"生态自我"（ecological identity or self）（Naess，1973），因此，自然联结被认为能够有效预测个体的亲环境身份认同（Van der Werff et al.，2013b）。史赛克（Stryker，1968，1980，1987）的身份认同理论为身份认同和行为的关系提供了理论基础。自我作为"社会行为的积极创造者"（Stryker，1980），其行为意向或行为通常与自我身份认同保持一致（Christensen et al.，2004；Stets & Biga，2003）。因此，自我身份认同对理解个体的行为具有重要作用。

基于以上理论分析，本书构建了如图5-1所示的概念模型A，包括9个潜变量：游客自然联结、自然认同、情感依附、自然依赖、个人规范、亲环境身份认同、亲环境行为、一般亲环境行为和特定亲环境行为，其中自然认同、情感依附和自然依赖是游客自然联结的子维度，一般亲环境行为和特定亲环境行为是亲环境行为的子维度，游客自然联结分别通过亲环境身份认同和个人规范对其亲环境行为产生影响。

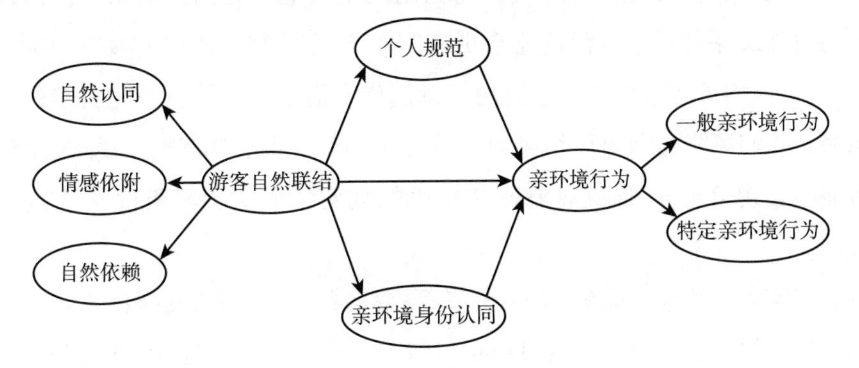

图5-1　概念模型A

5.1.2 立论依据与研究假设

1. 游客自然联结和亲环境行为的关系

自然联结在人们对待环境问题的态度上是一个重要的概念，个体与自然相联结的程度直接决定了个体对待环境问题的态度。个体如果觉得与自然相联结，那么就不太可能做出伤害自然的行为，因为伤害自然就是伤害他们自身。环境态度是亲环境行为的关键决定因素之一（Cottrell，2003）。相对于对环境行为的一般态度而言，个人对于某种特定行为或具体问题的态度与该行为意向和实际行为更为一致（Ajzen & Fishbein，1980；Ajzen，1991；Stern et al. ，1995）。游客自然联结相比一般的环境态度对游客的亲环境行为有更强的一致性。个体认为自己在多大程度上属于自然社群的一部分，会影响个体在自然环境中的行为。游客自然联结是亲环境行为的关键前置变量。比如，认为自身与自然相分离的个体，往往不遵守自然的法则，认为人类优于动植物的存在（Opotow，1994）。与之相对应的观点则是认为自身与其他动植物一样，属于自然的一部分的个体，动植物与人类一样也享有权利。如果人们认为自己是自然的一部分，与自然环境是共生的关系，那他们就有保护自然的责任感，表现出亲环境的行为。克莱顿（Clayton，2003）的实证研究显示，环境身份与负责任的环境行为之间有正向的显著相关性（$r=0.64$）。与强制规定人们行为的方式相比，强调人与自然关系的积极方面可能会更有利于人们行为的改变（Davis et al. ，2009）。人们可能不会遵守政府的规章制度，但如果涉及自身与自然的关系时，人们可能会做出更积极的响应（Nisbet et al. ，2009）。比如，个体可能不会遵守政府鼓励乘坐公共交通的规定，但却会积极保护当地的公园。

在购买产品时，持有人与自然平等相处观点的消费者更倾向于做出有利于生态的决定（Roberts & Bacon，1997）。自然关联倾向是生态行为的一个重要的预测变量（Brügger et al. ，2011）。斯图尔特和克雷格（Stewart &

Craig，2001）指出，人类直接与自然环境接触形成的联结，可以加深人们对自然环境的理解和态度，并影响人们的亲环境行为。瓦斯克和科布林（Vaske & Kobrin，2001）以美国西部科罗拉多州参与自然资源工作项目的青少年为研究对象，发现人和当地的自然资源存在情感联结，这种情感联结会促使他们做出对环境有利的行为。海因兹和斯帕克斯（Hinds & Sparks，2008）的实证研究结果显示，情感联系独立并显著影响人们亲近自然的意愿，把情感联系加入到 TPB 模型中，可以增加 10% 的态度对意愿的方差解释量，这也说明了在环境心理学的环境问题研究中，情感对于解决环境问题的重要作用。戴维斯等（Davis et al.，2009）通过研究发现，对自然的高承诺度会带来较高的亲环境行为意向，促使个体表现出更多有利于当地的亲环境行为。以往研究表明，与游客自然联结相关的概念对环境保护的支持和亲环境行为有显著的影响作用（Davis et al.，2009；Kals et al.，1999；Restall & Conrad，2015）。然而，对二者关系的研究，也有不一致的声音。舒尔兹等（Schultz et al.，2004）使用内隐联想测验（IAT）来测量个体与自然的关联性，并未发现测验得分与行为之间显著的关系。总体来看，现有研究已证明自然联结和亲环境行为的重要联系（Mayer & Frantz，2004；Nisbet et al.，2009；Tam，2013），但还需要更多的研究来确立不同情境中自然联结和亲环境行为的因果关系（Gosling & Williams，2010）。基于此，本书认为，游客与自然之间的联结越强，游客越倾向于实施亲环境行为，并提出以下研究假设。

H1 游客自然联结正向显著影响亲环境行为。

2. 游客自然联结、个人规范和亲环境行为的关系

自然联结于近年来受到环境心理学的关注，被认为对于缓解环境问题具有重要的作用。有研究表明游客自然联结与个人规范具有相关关系，布朗等（Brown et al.，2010）认为，与自然关联较强的野餐者更倾向于拥有亲环境的个人规范（pro－environmental personal norm），对自然更深层次的认识激发了野餐者的利他行为，使其愿意捡起垃圾。雷蒙德等（Raymond et al.，2011）以南澳大利亚墨累－达令盆地的植被保护为例，采用价值—

信念—规范理论和地方依恋为理论框架研究土地持有者的亲环境行为，结果发现，自然联结对个人规范和后果意识都有显著的影响作用，且自然联结是对环境行为预测能力最强最稳定的前置变量。

斯特恩等（Stern et al.，1999）和斯特恩（Stern，2000）的价值—信念—规范理论（value - belief - norm theory）认为，亲环境行为的个人规范会影响与环境意向有关的各种行为。施瓦茨（Schwartz，1977）的规范激活理论为个人规范和亲环境行为的实证研究提供了支持，个人规范是规范激活理论的核心变量。施瓦茨（1977）认为，社会规范只有通过激活个人规范才能发挥作用。个体通过内化社会环境的规范性期望，然后采取相应的行为。个人规范是个体内化的认知结构，与弱个人规范或无个人规范的个体相比，具有较强个人规范的个体对于亲环境行为的认知更强（Thøgersen，2009）。斯特恩等（Stern et al.，1986）肯定了道德规范（moral norms）对亲环境行为的重要作用，并指出对环境保护的支持应该有一个道德的维度。斯特恩（2000）把个人规范描述为个人亲环境行为倾向的主要基础变量，这种倾向会影响具有亲环境意向的多种行为。个人规范已被应用到各种环境行为中，如垃圾焚烧（Van Liere & Dunlap，1978）、有机红酒购买（Thøgersen，2002）、绿色消费（Thøgersen，2006）和回收行为（Nigbur et al.，2010）。在旅游领域，学者们对个人规范和不同的行为进行研究，如潜水（Ong & Musa，2011）、度假时的亲环境行为（Dolnicar & Grün，2009）和生态友好型旅游行为的选择（Doran & Larsen，2016）。现有研究已证明了个人规范对个体亲环境行为的重要预测作用（Bratt，1999；Hopper & Nielson，1991；Stern et al.，1999）。诺德伦德和格拉维尔（Nordlund & Garvill，2002）的实证研究表明，个人规范对亲环境行为有直接的显著影响，并在一般价值观、环境价值观和问题意识与亲环境行为的关系之间起中介作用。价值—信念—规范理论认为，环境态度通过个人规范的间接作用对环境行为产生影响。个体与自然联系越紧密，个体认为自己归属于自然的程度越强，个体感受到实施亲环境行为的责任感越强，就越容易表现出亲环境行为。基于此，本书提出以下研究假设：

H2 游客自然联结正向显著影响个人规范。

H3 游客的个人规范正向显著影响亲环境行为。

H4 游客的个人规范在游客自然联结和亲环境行为之间起中介作用。

3. 游客自然联结、亲环境身份认同和亲环境行为的关系

身份认同虽然在社会心理学已得到广泛的研究，但是环境心理学界对于环境身份认同的相关研究才刚刚起步（Van der Werff et al.，2013a，2013b；Whitmarsh & O'Neill，2010），对于环境身份认同与其他变量的关系还知之甚少。根据亲生命性假说（Wilson，1984），人类对自然的归属和与自然的联系使得个体具有生态身份或生态自我（ecological identity or self）（Naess，1973）。从这个意义来讲，游客自然联结会影响个体的身份认同或自我定位（Clayton & Opotow，2003；Schultz et al.，2004）。环境心理学的研究表明，个体的游客自然联结与其亲环境身份认同之间存在重要的联系（Mayer & Frantz，2004），自然相关性随后被证明是环保主义身份的有效预测变量（Nisbet et al.，2009），环境身份认同会受到其他环境行为前置变量如游客自然联结、环境关切等的影响（Van der Werff et al.，2013b）。与自然联系紧密的个体，能够清晰地认识到人类与自然环境是相互依存的关系。作为一种环境态度，人类与自然环境接触产生的关联性，能够促使个体表现出亲环境的行为。李等（Lee et al.，1999）指出，个体先前的环境行为会影响亲环境身份认同。由此我们可以得到，个体与自然的关联性显著地影响个体的亲环境行为，而个体的亲环境行为又会不断影响其亲环境身份认同。基于此，本书认为，个体的游客自然联结正向显著影响环境身份认同。

史赛克（Stryker，1968，1980，1987）的身份认同理论为身份认同和行为意向的关系提供了理论基础。在广泛的社会结构中，自我是由一系列反映个体在社会结构中角色的身份组成，被认为是“社会行为的积极创造者”（Stryker，1980）。自我身份认同是解释环境行为的一个重要因素。自我身份认同能够激发个体的行为，个体的价值观、观念和行为通常与自我身份认同保持一致（Christensen et al.，2004；Sparks & Shepherd，1992；

Stets & Biga，2003）。个体实施与角色一致的行为，有助于确认自己作为角色成员的身份（Callero，1985）。康纳和阿米蒂奇（Conner & Armitage，1998）指出，自我身份认同是个体行为意向的重要预测变量。以往的研究也证明，特定的身份认同能够促使人们采取相应的环境行为。比如，认为自己是绿色消费者的顾客，更愿意购买有机食品（Sparks & Shepherd，1992）；转基因身份认同的消费者更倾向于表现出购买转基因食品的意向（Cook et al.，2002）；具有回收身份认同（即认为自己是会采取回收行动的人）更愿意实施回收行为（Mannetti et al.，2004；Terry et al.，1999）；具有环境激进主义身份认同的人更倾向于表现出激进的环境行为（Fielding et al.，2008）；具有节约能源的身份认同的人更倾向于节约能源（Van der Werff et al.，2013b）；尼古尔等（Nigur et al.，2010）进一步确认了回收者自我身份认同对回收意向和行为的预测能力，实证研究结果显示自我身份认同不仅对意向产生影响，也增加了对行为本身的预测力。这些特定的自我身份认同对和身份认同相关的行为产生影响，但是对于其他类型的亲环境行为的预测力却有限。近年来的研究显示，人们可能具有一般环境自我身份认同，一般环境身份认同与环境偏好、环境意向和行为相关。如绿色身份认同与生态购物、减少废弃物、节水和能源保护相关（Whitmarsh & O'Neill，2010）；环境自我身份认同与诸如回收、购买互惠贸易产品和避免假期飞行等的一系列亲环境行为相关（Gatersleben et al.，2014）。一般环境自我身份认同会促进一系列环境偏好和环境行为的改变。因此，对于一般环境自我身份认同的研究，对于促进亲环境行为来说具有重要的意义。本书认为，亲环境身份认同正向影响亲环境行为，亲环境身份认同在游客自然联结和亲环境行为之间起中介作用。在此基础上，提出以下研究假设：

H5 游客自然联结正向显著影响亲环境身份认同。

H6 游客的亲环境身份认同正向显著影响亲环境行为。

H7 游客的亲环境身份认同在游客自然联结和亲环境行为之间起中介作用。

5.2　描述性统计分析

5.2.1　操作性定义和变量测量

1. 游客自然联结

本书对以往学者们的研究成果进行总结分析之后，把游客自然联结定义为：游客对与自然的情感联系、关系认知和归属感的感知程度。目前学术界对于自然联结的研究处于初期阶段，有关自然联结的维度和测量缺乏统一的观点，且现有的研究都是在西方文化背景下进行的。对于人与自然关系的理解不能脱离社会的大环境（Clayton，2003），不同的文化背景的人群对于人与游客自然联结内涵的认识和理解会相应不同。因此，基于西方二元思维对人与自然关系的理解开发的量表，可能不适用于不同文化背景的亚洲样本。本书在湿地旅游的情境下，以中国游客为样本，开发了适用于中国本土思维方式和文化背景的游客自然联结量表。此量表包括 3 个维度和 12 个测量项目，自然认同维度包括“我认为自己是自然的一部分，而不是独立于自然”“在游览湿地公园时，我感觉与自然是融为一体的”和“我认为自己与大自然紧密相连”3 个测量项目；情感依附维度包括“当处在自然中，我感到快乐和满足”“当处在自然中，我有一种心理上的安全感”“当处在自然中，我有一种愉悦的亲近感”和“当处在自然中，我对大自然的奇特性感到敬畏”4 个测量项目；自然依赖维度包括“到湿地旅游与自然环境相连接，对我来说很重要”“如果不能时不时出去享受自然，我会觉得失去了生活的一个重要部分”“我觉得能够从自然体验中获得精神寄托”“我需要尽可能多地处在自然环境中”和“如果有可能，我会经常花时间到大自然中”5 个测量项目。

2. 亲环境行为

学者们提出了不同的术语来描述保护环境的行为，内涵却颇为相似。本书中亲环境行为指游客有意识做出的对环境有利并能够促进目的地资源可持续利用的行为。借鉴哈尔彭尼（Halpenny，2006，2010）的测量量表，亲环境行为包括一般亲环境行为和特定亲环境行为两个维度，测量项目包括“我会和人们讨论湿地公园的环境保护问题”“旅行结束后，我会保持这个地方像来之前一样干净”等8个测量项目。

3. 亲环境身份认同

本书借鉴范德沃夫等（Van der Werff et al.，2013a，2013b）的研究，把亲环境身份认同定义为个体认为自己在多大程度上属于亲环境类型的人。采用惠特马什和奥尼尔（Whitmarsh & O'Neill，2010）、范德沃夫等（Van der Werff et al.，2013b）的量表，亲环境身份认同的测量包括“采取亲环境行为是‘我是谁’的一个重要组成部分”“我是会做出亲环境行为类型的人”“我认为自己是一个环境友好型的人”“我认为自己是一个非常关心环境问题的人”和“如果被迫放弃环保行为，我会感到不知所措”5个测量项目。

4. 个人规范

施瓦茨（Schwartz，1977）提出的个人规范概念被社会心理学界所广泛采用，指个体感受到实施某种行为的道德责任感。本书中的个人规范即指个体感受到实施亲环境行为的道德责任感。对个人规范的测量采用翁和穆萨（Ong & Musa，2011）、范德沃夫等（2013a）的量表，包括“我有义务保护西溪湿地的环境”“我觉得在道德上有必要以环保的方式行事”“亲环境行为会让我感觉良好”和“如果我在湿地旅游中，不以环保的方式行事，我会感到内疚”4个测量项目。

5.2.2　问卷设计和数据收集

本部分所使用的调研问卷与量表开发的正式研究阶段使用的调研问卷，为同一时间收集。其中，亲环境身份认同量表包括5个测量项目，个人规范量表包括4个测量项目，均采用李克特五点尺度量表进行测量，其中1为非常不同意，5为非常同意。数字越大，表示越同意；数字越小，表示越不同意，游客根据自身的实际感受对测量项目进行评价。本部分使用调研样本C（$N=666$）对概念模型A进行实证检验。

5.2.3　样本人口统计特征

本书使用SPSS 21.0软件对样本C进行分析，样本的描述性统计特征如表5－1所示，男性占46.5%，女性占53.5%。年龄以26～35岁和18～25岁为主，分别占39.3%和37.8%，在“十一”黄金周期间，到西溪湿地进行游览活动的多是以家庭为单位的亲子游，调研样本的年龄结构具有一定的合理性。受教育程度来看，大学本科的比例最大，占52.9%；其次为大专和研究生及以上，分别占20.0%和12.5%。3000元及以下的月收入占33.6%，其次为3001～5000元和5001～8000元，比例分别占29.3%和20.3%。职业类型以公司职员、在校学生和政府/事业单位职工为主，分别占总人数的30.3%、26.1%和24.6%，26.1%的学生比例在一定程度上可以解释占比为33.6%的3000元及以下的月收入。从目前居住地来看，西溪湿地国家公园位于浙江省杭州市，故浙江的比例最大，占36.8%，其中居住于杭州市的游客为180人，占总人数的27%；其次是来自江苏和上海的游客，分别占总样本量的11.4%和9.8%。总体来看，样本特征能够代表黄金周期间来到西溪国家湿地公园旅游的游客整体特征。

表 5-1　　样本 C 人口特征统计（$N=666$）

样本特征		频数	百分率（%）	样本特征		频数	百分率（%）
性别	男	310	46.5	目前居住地	浙江	245	36.8
	女	356	53.5		江苏	76	11.4
受教育程度	初中及以下	37	5.6		上海	65	9.8
	高中/中专	61	9.2		北京	38	5.7
	大专	133	20.0		山东	32	4.8
	大学本科	352	52.9		安徽	31	4.7
	研究生及以上	83	12.5		广东	25	3.8
年龄	18～25 岁	252	37.8		福建	20	3.0
	26～35 岁	262	39.3		河北	18	2.7
	36～45 岁	116	17.4		湖北	16	2.4
	46～55 岁	27	4.1		天津	15	2.3
	56～65 岁	6	0.9		辽宁	14	2.1
	65 岁以上	3	0.5		山西	13	2.0
月收入	3000 元及以下	224	33.6		陕西	10	1.5
	3001～5000 元	195	29.3		河南	9	1.4
	5001～8000 元	135	20.3		四川	7	1.1
	8001～10000 元	41	6.2		江西	6	0.9
	10001～15000 元	38	5.7		黑龙江	5	0.8
	15000 元以上	33	5.0		内蒙古	4	0.6
职业	政府/事业单位职工	164	24.6		重庆	4	0.6
	企业家/公司高管	27	4.1		云南	3	0.5
	公司职员	202	30.3		甘肃	3	0.5
	私营业主	25	3.8		吉林	2	0.3
	自由职业者	39	5.9		湖南	2	0.3
	家庭主妇	15	2.3		广西	1	0.2
	离退休人员	8	1.2		新疆	1	0.2
	在校学生	174	26.1		美国洛杉矶	1	0.2
	其他	12	1.8				

5.2.4　样本游览特征统计分析

本书使用 SPSS 21.0 对游客游览特征进行分析，首先是游客第几次游览西溪湿地，若是第1次到访，请转到第4题；若是2次及以上，才需回答第2和第3题。在666份样本中，78.4%的游客为第1次游览；其次是第2次和第5次及以上的游客，分别占9.9%和6.6%。对第2次及以上的游客进行询问，第一次来西溪湿地是多久之前（以月计算），144名符合条件的游客中，2人未作答，在142名游客中，24个月之前第一次到访的游客比例最大，占23.9%；其次是6个月之前和12个月之前，分别占21.8%和20.4%，统计数据表明81.5%的游客首次到访是在3年之内。西溪国家湿地公园在2012年1月被正式授予“国家5A级旅游景区”称号，调研数据显示，绝大多数的游客也是在此时间之后游览西溪湿地的。如表5-2所示，对142名游客进行询问“平均多久游览一次西溪湿地”，一年多次（12次以下）和每年一次的比例最大，分别占32.4%和29.6%；至少每月一次的游客占10.6%。西溪湿地的游览人数中，近一半比例的游客选择2~3人组团，占49.5%；其次是4~6人的团体，占34.1%。对于同伴类型，近一半比例的游客选择和家人同行，占50.2%；其次是朋友、情侣和同学，分别占19.8%、11.9%和10.7%。游览动机的设计采用多项选择的方式，在666份样本中，选择“亲近和享受自然”的游客最多，占73.3%；选择“释放压力，放松身心”的游客占48.0%；选择“花时间陪朋友、家人”和“了解湿地公园的自然环境”的游客分别占总人数的37.7%和32.4%。该数据表明，选择湿地景区作为游客自然联结的研究情境是恰当的；游客的其他游览动机包括毕业旅行、参观古建筑和古迹、会议安排、听说很好来看看、学校的小队活动和比较有特色，带外省朋友来玩等原因。

表 5－2　　　　样本 C 游览特征统计（$N=666$）

样本特征		频数	百分率（%）
游览次数	第 1 次	522	78.4
	第 2 次	66	9.9
	第 3 次	23	3.5
	第 4 次	11	1.7
	第 5 次及以上	44	6.6
	合计	666	100.1
第一次游览是多久之前	6 个月	31	21.8
	12 个月	29	20.4
	24 个月	34	23.9
	36 个月	22	15.4
	48 个月	14	9.9
	60 个月	11	7.8
	96 个月	1	0.7
	合计	142	99.9
平均多久游览一次	多年（3 年以上）一次	19	13.4
	2～3 年一次	20	14.1
	每年一次	42	29.6
	一年多次（12 次以下）	46	32.4
	至少每月一次	15	10.6
	合计	142	100.1
游览人数	1 人	9	1.4
	2～3 人	330	49.5
	4～6 人	227	34.1
	7～10 人	54	8.1
	11～20 人	24	3.6
	20 人以上	22	3.3
	合计	666	100.0

样本特征		频数	百分率（%）
同伴类型	家人	334	50.2
	朋友	132	19.8
	同学	71	10.7
	同事	16	2.4
	情侣	79	11.9
	旅游团	24	3.6
	独自出游	9	1.4
	其他	1	0.2
	合计	666	100.2
游览动机（多选）	亲近和享受自然	488	73.3
	了解湿地公园的自然环境	216	32.4
	参加喜欢的户外活动	81	12.2
	释放压力，放松身心	320	48.0
	花时间陪朋友、家人	251	37.7
	有机会独处	15	2.3
	其他，请指出（见其他游览动机）	6	0.9
其他游览动机	毕业旅行； 参观古建筑、古迹； 会议安排； 听说很好来看看； 学校的小队活动； 比较有特色，带外省朋友来玩		

5.2.5　测量项目的描述性统计分析

本书的概念模型 A 包括 9 个潜变量和 29 个观测变量，测量项目的描述性统计数据如表5－3所示。在所有29个测量项目中，其中25个（86.2%）测量项目的均值都在4.0以上，4个（20%）测量项目的均值大于3.5，高于量表的中心值3；亲环境身份认同和个人规范的测量项目均值都大于4.0，表示受访者对潜在变量的测量项目持较为认同的意见。所有测量项目的标准差和方差均小于1，说明受访者对于测量项目的评分较为稳定和均匀。测量项目偏度统计量的绝对值均小于3，峰度统计量的绝对值均小于3，远小于克莱恩（Kline，1998）建议的标准。因此，测量项目并未违反正态分布的假设。

表5－3　　游客自然联结测量项目描述性统计值（$N=666$）

变量	编码	均值	标准差	方差	偏度		峰度	
					统计量	标准误	统计量	标准误
自然认同（M＝4.38）	NI1	4.55	0.688	0.473	－1.526	0.095	2.329	0.189
	NI2	4.22	0.794	0.631	－0.728	0.095	0.103	0.189
	NI3	4.37	0.761	0.579	－0.791	0.095	－0.630	0.189
情感依附（M＝4.48）	EA1	4.53	0.630	0.397	－1.019	0.095	0.132	0.189
	EA2	4.36	0.724	0.524	－0.774	0.095	－0.364	0.189
	EA3	4.56	0.598	0.358	－1.021	0.095	0.030	0.189
	EA4	4.46	0.745	0.555	－1.255	0.095	1.049	0.189
自然依赖（M＝4.25）	ND1	4.26	0.741	0.549	－0.574	0.095	－0.479	0.189
	ND2	4.25	0.774	0.599	－0.628	0.095	－0.574	0.189
	ND3	4.28	0.756	0.571	－0.572	0.095	－0.829	0.189
	ND4	4.50	0.661	0.437	－0.986	0.095	－0.054	0.189
	ND5	3.96	0.927	0.859	－0.332	0.095	－0.767	0.189
亲环境行为（M＝4.17）	PEB1	3.70	0.894	0.799	0.142	0.095	－0.911	0.189
	PEB2	3.65	0.907	0.822	0.230	0.095	－0.921	0.189
	PEB3	3.69	0.896	0.803	0.208	0.095	－0.954	0.189
	PEB4	4.08	0.848	0.719	－0.470	0.095	－0.494	0.189
	PEB5	4.39	0.728	0.530	－0.991	0.095	0.525	0.189
	PEB6	4.50	0.722	0.521	－1.540	0.095	2.819	0.189
	PEB7	4.59	0.582	0.339	－1.083	0.095	0.175	0.189
	PEB8	4.74	0.470	0.221	－1.466	0.095	1.045	0.189

续表

变量	编码	均值	标准差	方差	偏度		峰度	
					统计量	标准误	统计量	标准误
亲环境身份认同（M=4.38）	PEI1	4.26	0.830	0.689	-1.118	0.095	1.472	0.189
	PEI2	4.53	0.591	0.349	-0.829	0.095	-0.298	0.189
	PEI3	4.55	0.622	0.386	-1.056	0.095	0.049	0.189
	PEI4	4.35	0.750	0.563	-0.813	0.095	-0.217	0.189
	PEI5	4.20	0.787	0.619	-0.607	0.095	-0.247	0.189
个人规范（M=4.62）	PN1	4.60	0.623	0.388	-1.515	0.095	2.370	0.189
	PN2	4.61	0.585	0.343	-1.421	0.095	2.222	0.189
	PN3	4.65	0.559	0.313	-1.323	0.095	0.778	0.189
	PN4	4.61	0.595	0.354	-1.230	0.095	0.482	0.189

注：NI = 自然认同；EA = 情感依附；ND = 自然依赖；PEB = 亲环境行为；PEI = 亲环境身份认同；PN = 个人规范。下表同。

5.2.6 共同方法偏差检验

本部分中正式调研的数据均来源于在西溪国家湿地公园进行游览的游客。虽然在研究设计阶段，我们已对共同方法偏差的来源进行了程序控制，比如告知受访者调查问卷是采用匿名的方式填写，设置若干反向的测量项目以减少受访者的反应偏差等，但可能还是无法完全避免共同方法的偏差（common method biases）。因此，在数据分析阶段，我们使用统计控制的方法对共同方法偏差进行检验。根据波德萨科夫等（Podsakoff et al.，2003）的建议，采用 Harman 单因子检验方法（Harman's Single - Factor Test）对调查问卷中的所有变量进行未旋转的因子分析（EFA），考察析出的第一主成分所解释的方差比例。如果 Harman 单因子检验只析出单独一个因子，或者第一个因子解释的方差比例超过 40%，则可判定数据存在严重的共同方法偏差；如果得到了多个因子，且第一个因子解释方差的比例并不超过 40%，说明共同方法偏差的问题并不严重。本部分中第一个因子的解释方差比例为 36.08%，并未超过 40%。由于 Harman 单因子检验方法较为粗略，为进一步检验可能存在的共同方法偏差，本书还通过在 CFA 模型中加入方法因子（method factor），即通过单一共同方法因子法（single - common - method - factor approach）来控制共同方法偏差。具体做法是，在总体测量模型中加入一个潜在变量“共同方法偏差因子”，根据控制此单一未测潜在方法因子的效应，来考察数据是否存在显著的共同方法偏差。在模型中，所有变量的测量项目不仅符合在所属的构念因子上，还负荷在“共同方法偏差因子”上。如果包含共同方法偏差因子潜变量的模型拟合度显著优于不包含共同方法偏差因子的模型，则共同方法偏差效应得到了检验（周浩和龙立荣，2004）。本部分中，包含共同方法偏差因子 χ^2 值与原模型 χ^2 值相差 $\Delta\chi^2(87) = 687.716 - 484.561 = 203.155$，$p < 0.05$，表明原模型与数据的拟合程度更好。因此，本次调研的数据并不存在严重的共同方法偏差问题。

5.3 中介变量和因变量的探索性因子分析

5.3.1 中介变量和因变量的可靠性分析

采用 Cronbach's α 系数检验两个中介变量和因变量测量项目的内部一致性。亲环境身份认同测量项目的 Cronbach's α 为 0.828，根据克莱恩（1998）的标准，0.80 ~ 0.90 表示信度系数非常好，说明亲环境身份认同的测量项目的信度良好。按照金等（2012）的做法，根据校正的项总计相关性（Corrected item - total correlation，CITC）和项已删除的 Cronbach's α 值对游客自然联结测量项目进行净化。删除测量项目 1 和项目 5 后，亲环境身份认同的 Cronbach's α 提高到 0.844，因此予以剔除。个人规范和亲环境行为测量项目的 Cronbach's α 分别为 0.852 和 0.817，信度良好，且删除任何一个项目，都不会提高信度系数，故保留全部测量项目（见表 5 - 4）。

表5-4　　中介变量可靠性统计量（N=666）

变量	编码	测量项目	CITC	项已删除的Cronbach's α值
亲环境身份认同（Cronbach's α = 0.844）	PEI2	我是会做出亲环境行为类型的人	0.703	0.797
	PEI3	我认为自己是一个环境友好型的人	0.778	0.723
	PEI4	我认为自己是一个非常关心环境问题的人	0.680	0.835
个人规范（Cronbach's α = 0.852）	PN1	我有义务保护湿地公园的环境	0.624	0.843
	PN2	我觉得在道德上有必要以环保的方式行事	0.749	0.788
	PN3	亲环境行为会让我感觉良好	0.748	0.790
	PN4	如果我在湿地旅游中，不以环保的方式行事，我会感到内疚	0.659	0.826
亲环境行为（Cronbach's α = 0.817）	PEB1	我会阅读有关湿地公园环境的报道或书籍	0.596	0.787
	PEB2	我会和人们讨论湿地公园的环境保护问题	0.688	0.771
	PEB3	我会学习如何解决湿地公园的环境问题	0.676	0.773
	PEB4	我会努力说服同伴保护湿地公园的自然环境	0.571	0.791
	PEB5	如果公园中我最喜欢地方需要从环境破坏中恢复，我自愿停止到访	0.419	0.811
	PEB6	我会签名支持湿地公园的保护工作与行动	0.455	0.807
	PEB7	我会尽量不打扰湿地公园内的动植物	0.503	0.802
	PEB8	旅行结束后，我会保持这个地方像来之前一样干净	0.380	0.816

5.3.2　中介变量的探索性因子分析

本部分是在旅游情境中对亲环境身份认同和个人规范进行的测量，因此，最好利用所收集的数据对两变量的因子结构进行确认。在对中介变量进行探索性因子分析之前，使用 Kaiser - Meyer - Olkin（KMO）值和 Bartlett's 球形检验的χ^2值判断数据进行因子分析的适宜性。数据分析结果表明，样本的 KMO 值分别为 0.710 和 0.814，Bartlett's 球形检验的χ^2值分别是 907.056 和 1171.445，自由度分别为 3 和 6，达到 0.001 的显著性水平，表明数据适合进行两变量的探索性因子分析。

本书使用主成分分析法（principal component analysis）提取中介变量亲环境身份认同和个人规范的潜在因子，选用最大方差法进行因子旋转，选取特征值大于1的因子。两个中介变量的因子载荷均在0.50以上，且无交叉因子负载。根据海尔等（Hair et al.，2010）的建议，基于以下标准来确定因子和测量项目：①特征值大于1；②因子负载大于0.50；③特征值的碎石图；④因子是否有意义。探索性因子分析的结果显示，亲环境身份认同和个人规范均呈现单因子结构（见表5－5）。亲环境身份认同包括3个测量项目，因子特征值为2.318，方差解释量为77.265%；个人规范包括4个测量项目，因子特征值为2.786，方差解释量为69.647%。

表5－5　　中介变量的探索性因子分析（N＝666）

变量	编码	因子载荷	特征值	方差解释量（%）
亲环境身份认同	PEI2	0.873	2.318	77.265
	PEI3	0.911		
	PEI4	0.852		
	KMO＝0.710；Bartlett's test of sphericity：χ^2＝907.056，df＝3，p＜0.000			
个人规范	PN1	0.611	2.786	69.647
	PN2	0.759		
	PN3	0.758		
	PN4	0.658		
	KMO＝0.814；Bartlett's test of sphericity：χ^2＝1171.445，df＝6，p＜0.000			

5.3.3　因变量的探索性因子分析

本部分使用调研样本C（N＝666）对亲环境行为进行探索性因子分析。首先使用Kaiser－Meyer－Olkin（KMO）值和Bartlett's球形检验的χ^2值来判断样本数据进行因子分析的适合性。数据分析结果表明，样本的KMO值为0.823，Bartlett's球形检验的χ^2值为2033.771，自由度为28，在0.001的水平上显著，表示样本数据各题项之间的相关关系较强，适合进行因子分析。使用主成分分析法提取因变量亲环境行为的潜在因子，选用最大方差法进行因子旋转，选取特征值大于1的因子，得到探索性因子分析的结果（见表5－6）。基于文献分析和每个因子包含的测量项目的语义分析，对两个潜在因子分别命名为“一般亲环境行为”和“特定亲环境行为”，其信度系数 Cronbach’s α 值分别为 0. 856 和 0. 741，总体信度系数为 0. 817，均符合克莱恩（Kline，1998）建议的信度标准。累计总方差解释量达到 64. 251%，各指标和因子载荷结构良好，均大于 0. 50 的标准（Hair et al.，2010）。第一个因子“一般亲环境行为”，包括 4 个测量项目，分别为“我会阅读有关湿地公园环境的报道或书籍”“我会和人们讨论湿地公园的环境保护问题”“我会学习如何解决湿地公园的环境问题”和“我会努力说服同伴保护湿地公园的自然环境”。该因子特征值为 3. 538，方差解释量为 44. 224%。第二个因子“特定亲环境行为”，包括 4 个测量项目，分别为“如果公园中我最喜欢地方需要从环境破坏中恢复，我自愿停止到访”“我会签名支持湿地公园的保护工作与行动”“我会尽量不打扰湿地内的动植物”和“旅行结束后，我会保持这个地方像来之前一样干净”。该因子特征值为 1. 602，方差解释量为 20. 027%。

表 5 – 6　　亲环境行为的探索性因子分析（$N=666$）

<table>
<tr><th>因子</th><th>编码</th><th>测量项目</th><th>因子载荷</th><th>特征值</th><th>方差解释量（%）</th></tr>
<tr><td rowspan="4">一般亲环境行为</td><td>GPEB1</td><td>我会阅读有关湿地公园环境的报道或书籍</td><td>0. 844</td><td rowspan="4">3. 538</td><td rowspan="4">44. 224</td></tr>
<tr><td>GPEB2</td><td>我会和人们讨论湿地公园的环境保护问题</td><td>0. 890</td></tr>
<tr><td>GPEB3</td><td>我会学习如何解决湿地公园的环境问题</td><td>0. 871</td></tr>
<tr><td>GPEB4</td><td>我会努力说服同伴保护湿地公园的自然环境</td><td>0. 662</td></tr>
<tr><td rowspan="4">特定亲环境行为</td><td>SPEB1</td><td>如果公园中我最喜欢地方需要从环境破坏中恢复，我自愿停止到访</td><td>0. 674</td><td rowspan="4">1. 602</td><td rowspan="4">20. 027</td></tr>
<tr><td>SPEB2</td><td>我会签名支持湿地公园的保护工作与行动</td><td>0. 764</td></tr>
<tr><td>SPEB3</td><td>我会尽量不打扰湿地内的动植物</td><td>0. 772</td></tr>
<tr><td>SPEB4</td><td>旅行结束后，我会保持这个地方像来之前一样干净</td><td>0. 762</td></tr>
<tr><td colspan="5">累计方差解释量</td><td>64. 251</td></tr>
<tr><td colspan="6">KMO = 0. 823 Bartlett’s test of sphericity：$\chi^2 = 2033.771$，$df = 28$，$p < 0.000$</td></tr>
</table>

注：GPEB = general pro-environment behaviour，一般亲环境行为；SPEB = specific pro-environment behaviour，特定亲环境行为。下表同。

5.4　测量模型的验证性因子分析

本书利用 AMOS 21.0 软件的最大似然估计方法，对假设的概念模型 A 进行验证性因子分析，检验模型中潜在变量的信度和效度。

5.4.1　信度分析

信度是指同一个概念的多个测量项目的一致性程度（Hair et al.，2010）。与前述分析相一致，本章节选取三种信度进行分析：个别信度、内部一致性信度和组合信度。

1. 个别信度

模型 A 中测量项目的个别信度如表 5－7 所示。由表中数据可知，所有项目的个别信度都满足 0.20 以上的条件。

表 5－7　　观测变量的个别信度（$N=666$）

测量项目	个别信度	测量项目	个别信度
NI1	0.338	PEI3	0.585
NI2	0.521	PN1	0.501
NI3	0.504	PN2	0.676
EA1	0.551	PN3	0.665
EA2	0.656	PN4	0.566
EA3	0.701	GPEB1	0.604
EA4	0.344	GPEB2	0.807
ND1	0.519	GPEB3	0.684
ND2	0.417	GPEB4	0.360
ND3	0.540	SPEB1	0.313
ND4	0.416	SPEB2	0.434
ND5	0.370	SPEB3	0.575
PEI1	0.663	SPEB4	0.435
PEI2	0.751		

2. 内部一致性信度

本书采用 Cronbach's α 系数检验量表测量项目的内部一致性。如表5－8所示，游客自然联结的三个因子自然认同、情感依附和自然依赖的内部一致性系数分别是0.709、0.823 和0.799，游客自然联结的总体内部一致性系数是0.878。亲环境行为的两个因子一般亲环境行为和特定亲环境行为的信度系数分别为0.856 和0.741，个人规范和亲环境行为总体内部一致性系数分别为0.852 和0.817。亲环境身份认同的 Cronbach's α 系数为0.844。按照克莱恩（1998）的建议，Cronbach's α 系数大于0.7，表示测量项目的信度良好。概念模型 A 中潜在变量的测量项目内部一致性均符合要求。

表5－8　　　　变量内部一致性信度（$N=666$）

变量代码	变量	Cronbach's α
CTN	游客自然联结	0.878
NI	自然认同	0.709
EA	情感依附	0.823
ND	自然依赖	0.799
PN	个人规范	0.852
PEI	亲环境身份认同	0.844
PEB	亲环境行为	0.817
GPEB	一般亲环境行为	0.856
SPEB	特定亲环境行为	0.741

3. 组合信度

本部分通过测量模型的验证性因子分析得到的因子负载来计算组合信度。如表5－9 所示，潜在变量的组合信度分别为0.712、0.835、0.804、0.858、0.857、0.862 和0.756，远超过0.60 的标准（Bagozzi & Yi，1988；吴明隆，2010），表明潜变量具有良好的组合信度。

表 5-9　　测量模型的验证性因子分析（N=666）

因子	测量项目	标准化因子载荷（SFL）	T 值（p value）	标准化系数值的平方（SMC）	组合信度（CR）	平均提取方差（AVE）
自然认同	NI1	0.581	14.478***	0.338	0.712	0.454
	NI2	0.722	18.667***	0.521		
	NI3	0.710	18.455***	0.504		
情感依附	EA1	0.742	21.211***	0.551	0.835	0.563
	EA2	0.810	24.077***	0.656		
	EA3	0.837	25.222***	0.701		
	EA4	0.587	15.671***	0.344		
自然依赖	ND1	0.720	20.235***	0.519	0.804	0.453
	ND2	0.646	17.403***	0.417		
	ND3	0.735	20.744***	0.540		
	ND4	0.645	17.461***	0.416		
	ND5	0.609	16.231***	0.370		
个人规范	PN1	0.708	20.013***	0.501	0.858	0.602
	PN2	0.822	24.767***	0.676		
	PN3	0.816	24.480***	0.665		
	PN4	0.752	21.770***	0.566		
亲环境身份认同	PEI1	0.814	24.307***	0.663	0.857	0.667
	PEI2	0.867	26.599***	0.751		
	PEI3	0.765	22.159***	0.585		
一般亲环境行为	GPEB1	0.777	22.990***	0.604	0.862	0.614
	GPEB2	0.898	28.388***	0.807		
	GPEB3	0.827	25.023***	0.684		
	GPEB4	0.600	16.183***	0.360		
特定亲环境行为	SPEB1	0.559	14.287***	0.313	0.756	0.439
	SPEB2	0.659	17.452***	0.434		
	SPEB3	0.758	20.969***	0.575		
	SPEB4	0.659	17.517***	0.435		

注：*** 表示 $p<0.001$。

5.4.2 效度分析

按照游客自然联结量表编制阶段的做法，仍然选用四种效度对测量模型的效度进行检验，分别包括内容效度和表面效度、结构效度、聚合效度和区分效度。

1. 内容效度和表面效度

受访者对每个测量项目评分的均值均大于3.5，表明测量项目具有较高的内容效度。在调研问卷开发过程中，量表的测量项目是基于严谨的文献分析，以及对具有旅游相关专业背景的游客进行深度访谈，并实施两轮的焦点小组访谈基础上产生的，之后对调查问卷进行预测试和初步研究。从测量结果和操作过程来看，测量项目具有较高的内容效度和表面效度。

2. 结构效度

测量模型中各变量探索性因子分析的结果与验证性因子分析的结果基本一致，各项指标均达到建议的标准和要求，且验证性因子分析的结果与假设的理论模型具有较高程度的一致性。因此，测量模型具有良好的结构效度。

3. 聚合效度

如表5－9所示，所有测量项目在各个变量上的因子负载均大于0.55，且在0.001的水平上高度显著（T值介于14.440和28.380之间）。福内尔和拉克（Fornell & Larcker，1981）指出，平均提取方差（AVE）的测量相对保守，潜变量的聚合效度可用组合信度（CR）来衡量。经过计算，本书中潜变量的组合信度系数分别是0.712、0.835、0.804、0.858、0.857、0.862和0.756，均符合其大于0.6的标准。自然认同、情感依附和自然依赖的AVE值分别是0.454、0.563和0.453，对于新开发的量表来说尚可以接受（Netemeyer et al.，2003）。特定环境行为的 AVE 值虽仅为 0.439，考虑到其组合信度系数为 0.756，该变量仍被认为具有足够的聚合效度。其余潜变量的 AVE 值均满足大于 0.50 的标准，说明概念模型中的潜变量具有较好的组合信度。

4. 区分效度

本书仍然采用竞争模型比较法（Bagozzi & Phillips，1982）来评价游客自然联结量表的区分效度。本书每次对两个概念进行比较，共进行 21 组。分析结果表明（见表 5－10），这 21 组概念的 $\Delta\chi^2$ 值均在 0.001 的水平上显著，表明潜在变量间具有明显的区分效度。另外，区分效度还可通过一组概念相关性的置信区间来判断（Bagozzi & Phillips，1982；邱皓政和林碧芳，2009），如果两个潜在概念之间相关系数的 95% 置信区间没有包括 1.00，表示该相关系数显著不等于 1.00，则这两个概念具有区分效度。分析结果显示（见表 5－10），21 组概念的置信区间均不包括 1，说明模型中潜变量之间具有较好的区分效度。区分效度也可从变量的含义和测量项目上来体现，测量模型中潜变量各自的测量项目的含义具有明显的区别，自然认同、情感依附和自然依赖的含义详见量表开发阶段的区分效度。本章中的个人规范变量包括“我有义务保护湿地公园的环境”“我觉得在道德上有必要以环保的方式行事”“亲环境行为会让我感觉良好”和“如果我在湿地旅游中，不以环保的方式行事，我会感到内疚”四个测量项目；亲环境身份认同变量包括“我是会做出亲环境行为类型的人”“我认为自己是一个环境友好型的人”和“我认为自己是一个非常关心环境问题的人”三个测量项目，反映的是个体认为自己在多大程度上属于环境友好型的人，与游客自然联结和亲环境行为的含义具有明显的区别。综合不同的反映潜在变量区分效度的方法可知，测量模型具有较高的区分效度。

表 5－10　　测量模型的区分效度（$N=666$）

潜变量	限制模型		未限制模型		χ^2 检验		置信区间	
	χ^2	df	χ^2	df	$\Delta\chi^2$	Δdf	Lower	Upper
NI vs. EA	195.138	14	21.089	13	174.049***	1	0.554	0.719
NI vs. ND	227.642	20	87.311	19	140.331***	1	0.607	0.752
NI vs. PN	298.861	14	48.442	13	250.419***	1	0.397	0.572
NI vs. PEI	236.084	9	52.633	8	183.451***	1	0.529	0.686
NI vs. GPEB	316.008	14	48.783	13	267.225***	1	0.411	0.573
NI vs. SPEB	299.161	14	13.658	13	285.503***	1	0.304	0.498
EA vs. ND	264.700	27	78.708	26	185.992***	1	0.719	0.827
EA vs. PN	687.638	22	64.616	21	623.022***	1	0.453	0.612
EA vs. PEI	598.520	14	34.768	13	563.752***	1	0.464	0.620
EA vs. GPEB	828.143	20	44.911	19	783.232***	1	0.382	0.519
EA vs. SPEB	409.579	20	31.967	19	377.612***	1	0.429	0.609
ND vs. PN	535.194	27	98.762	26	436.432***	1	0.531	0.671
ND vs. PEI	490.697	20	73.122	19	417.574***	1	0.527	0.672
ND vs. GPEB	581.041	27	121.254	26	459.787***	1	0.537	0.667
ND vs. SPEB	354.755	27	86.337	26	268.418***	1	0.534	0.686
PN vs. PEI	392.595	14	62.048	13	330.911***	1	0.633	0.774
PN vs. GPEB	1037.341	20	92.613	19	944.728***	1	0.300	0.448
PN vs. SPEB	219.932	20	80.617	19	139.315***	1	0.700	0.846
PEI vs. GPEB	791.727	14	62.100	13	729.627***	1	0.333	0.478
PEI vs. SPEB	279.492	14	41.170	13	238.322***	1	0.575	0.748
GPEB vs. SPEB	521.835	20	71.616	19	450.219***	1	0.359	0.505

注：*** 指 $\Delta\chi^2 > 10.83$（$\Delta df = 1$），$p < 0.001$。

5.4.3　测量模型拟合指数

本书主要根据卡方值（χ^2）、卡方自由度比（χ^2/df）、近似均方根残差（RMSEA）、标准化均方根残差（SRMR）、适配度指数（GFI）、增值适配指数（IFI）、规范适配指数（NFI）、非规准适配指数（TLI = NNFI）、比较适配指数（CFI）等指标来判断测量模型与样本数据的拟合程度。测量模型的验证性因子分析结果显示（见表 5－11）：$\chi^2=484.561$，$df=215$，$\chi^2/df=2.254$，$p<0.001$。其他拟合指数也表明测量模型和样本数据拟合较好。

表 5－11　　　　测量模型与样本数据的拟合指数（$N=666$）

χ^2	df	χ^2/df	RMSEA	SRMR	GFI	NFI	IFI	TLI	CFI
484.561	215	2.254	0.043	0.022	0.941	0.931	0.960	0.953	0.960

注：RMSEA＝渐进残差均方和平方根；SRMR＝标准化残差均方和平方根；GFI＝适配度指数；NFI＝规范适配指数；IFI＝增值适配指数；TLI＝非规准适配指数；CFI＝比较适配指数。下表同。

5.5　结构模型评价和假设检验

5.5.1　结构模型拟合指数

利用 AMOS 21.0 软件的最大似然估计方法，对概念模型 A 进行估计，判断假设模型与样本数据的拟合程度。结构方程模型包括 9 个潜在变量：游客自然联结（CTN）、自然认同（NI）、情感依附（EA）、自然依赖（ND）、个人规范（PN）、亲环境身份认同（PEI）、亲环境行为（PEB）、一般亲环境行为（GPEB）和特定亲环境行为（SPEB）。概念模型 A 假设游客自然联结通过亲环境身份认同影响游客的亲环境行为。结构模型拟合结果如表 5－12 所示。可以看出，假设模型拟合指数较好地达到了模型适配标准，无须进行修正，假设的结构模型与样本数据的适配程度良好。

表 5－12　　　　结构模型与样本数据的拟合指数（$N=666$）

χ^2	df	χ^2/df	RMSEA	SRMR	GFI	NFI	IFI	TLI	CFI
786.164	311	2.528	0.048	0.030	0.917	0.912	0.945	0.937	0.945

5.5.2 研究假设检验

概念模型 A 的结构方程模型中，各变量之间的标准化路径系数、显著性和假设检验结果见表 5－13。游客自然联结（CTN）对其亲环境行为（PEB）具有正向显著影响，游客自然联结（CTN）正向显著影响个人规范（PN）和亲环境身份认同（PEI），游客的个人规范（PN）和亲环境身份认同（PEI）分别正向显著影响亲环境行为（PEB），研究假设 H1、H2、H3、H5 和 H6 均得到了支持。

表 5－13　　　　假设检验结果（$N=666$）

序号	研究假设内容		标准化路径系数	标准误	C. R.	检验结果
H1	CTN → PEB	游客自然联结正向显著影响亲环境行为	0.458***	0.087	4.999	支持
H2	CTN → PN	游客自然联结正向显著影响个人规范	0.650***	0.068	10.657	支持
H3	PN → PEB	游客的个人规范正向显著影响亲环境行为	0.452***	0.062	6.138	支持
H5	CTN → PEI	游客自然联结正向显著影响亲环境身份认同	0.673***	0.072	11.274	支持
H6	PEI → PEB	游客的亲环境身份认同正向显著影响亲环境行为	0.177***	0.056	2.472	支持

注：*** 表示 $p<0.001$。

雷科夫和马库利德斯（Raykov & Marcoulides，2000）认为，如果两个变量之间的间接效应没有得到适当的关注，那么二者之间的关系就并未得到充分的考虑。中介检验可以分析自变量对因变量影响的过程和作用机制，与仅仅分析自变量对因变量影响的研究相比，中介效应分析不仅在方法上更进一步，而且能得到更多更深入的结果（温忠麟和叶宝娟，2014）。

中介效应检验中最为常用的方法是巴伦和肯尼（Baron & Kenny，1986）的逐步检验回归系数法（causal steps approach）：（1）检验自变量对因变量的总效应 c（即检验 H_0：$c=0$）；（2）检验系数乘积的显著性 ab

（即检验 H_0：$ab=0$）：依次检验自变量对中介变量的系数 a（即检验 H_0：$a=0$）和中介变量对因变量的系数 b（即检验 H_0：$b=0$）；（3）检验自变量对因变量的直接效应 c'。如果系数 c 显著，系数 a 和 b 都显著，则中介效应显著存在。若 c' 显著，为部分中介效应；若 c' 不显著，则为完全中介效应。系数乘积的检验是中介效应检验的核心（温忠麟和叶宝娟，2014）。依次检验乘积的显著性，第一类错误率较低，低于显著性水平 0.05（MacKinnon et al.，2002；温忠麟等，2004）。如果 a 和 b 都显著，则已经足够支持 ab 显著，但依次检验的检验力较低，即系数乘积实际上显著而依次检验比较容易得出不显著的结论（Fritz & MacKinnon，2007）。

另一种中介效应检验的方法为系数乘积法，直接检验中介效应 ab 是否显著不为 0。该方法无须以系数 c 显著作为中介检验的前提条件，可直接提供中介效应的点估计值和置信区间。系数乘积法分为两类：一是基于抽样分布为正态分布 Sobel 检验和 Z 检验；二是基于抽样分布为非正态分布的不对称置信区间法（asymmetric confidence interval）。Sobel 检验法的检验力高于依次检验（MacKinnon et al.，2002；温忠麟等，2004），但也存在明显的局限性。Sobel 法需要假设 ab 服从正态分布，实际上即使 a 和 b 都服从正态分布，其乘积通常也不是正态的。Z 检验的计算公式为 ab 乘积的点估计值/标准误，若绝对值大于 1.96，则中介效果存在，但该检验也假设 ab 服从正态分布（Holbert & Stephenson，2003）。不对称置信区间法包括 bootstrapping 法和乘积分布法（distribution of the Product）。学者们普遍认为 bootstrapping 方法优于乘积分布法和 Sobel 检验法（方杰和张敏强，2012；Hayes & Scharkow，2013；MacKinnon et al.，2004；Preacher & Hayes，2004）。

本章使用 AMOS 的 Bootstrapping 方法检验游客的个人规范和亲环境身份认同的中介效应。游客的个人规范和亲环境身份认同是否分别中介游客自然联结和亲环境行为二者之间的关系，若起中介作用，是部分中介作用还是完全中介作用？中介检验设置 Bootstrapping 自抽样 5000 次，选择非参数百分位 95% 置信区间（percentile confidence intervals）和偏差校正的非参数百分位 95% 置信区间（bias - corrected confidence intervals）。若置信区间不包含 0，表明中介效应存在；若置信区间包括 0，则表明中介效应不存在

（方杰和张敏强，2012；Preacher & Hayes，2004）。表5－14列出了传统的系数乘积法的中介检验结果和使用Bootstrapping方法得到的中介检验结果。游客自然联结通过个人规范和亲环境身份认同对亲环境行为的总间接效果，利用系数乘积法得到的Z值＝点估计值/标准差＝6.290，大于1.96，中介效果存在（Holbert & Stephenson，2003）；非参数百分位95%置信区间为［0.266，0.512］，偏差校正的非参数百分位95%置信区间为［0.274，0.521］，均不包含0，总中介效果存在，总中介效果占总效果的比例为0.390/0.823＝0.474。为了检验个人规范和亲环境身份认同各自的中介效果，本书使用Mackinnon PRODCLIN2程序分别计算两个间接效应的置信区间（MacKinnon et al.，2007）。如表5－15所示，个人规范中介效应的置信区间为［0.156，0.431］，亲环境身份认同中介效应的置信区间为［0.020，0.232］，均不包含0，两个中介效应均存在。假设H4游客的个人规范中介游客自然联结和亲环境行为之间的关系和假设H7游客的亲环境身份认同在游客自然联结和亲环境行为之间起中介作用均得到了支持。

如表5－14所示，游客自然联结对亲环境行为的直接效应点估计值Z为3.464，大于1.96，直接效应显著。非参数百分位和偏差校正的非参数百分位95%置信区间分别为［0.224，0.709］和［0.262，0.662］，均不包含0，直接效果显著，说明个人规范和亲环境身份认同在游客自然联结和亲环境行为之间均起部分中介的作用。

表5－14　　个人规范和亲环境身份认同的中介检验（$N=666$）

变量	点估计值	系数相乘积		Bootstrapping					
				Percentile 95% CI			Bias－corrected 95% CI		
		SE	Z	LL	UL	Sig.	LL	UL	Sig.
总效果									
CTN－PEB	0.823***	0.113	7.283	0.771	0.962	0.000	0.771	0.961	0.000
总间接效果									
CTN－PEB	0.390***	0.062	6.290	0.266	0.512	0.000	0.274	0.521	0.000
直接效果									
CTN－PEI	0.433***	0.125	3.464	0.224	0.709	0.000	0.262	0.662	0.000

注：***表示$p<0.001$。

表 5-15　　假设检验结果（$N=666$）

假设	研究假设内容		特定间接效果	MacKinnon PRODCLIN2 95% CI		检验结果
H4	CTN - PN - PEB	游客的个人规范在游客自然联结和亲环境行为之间起中介作用	0.277	0.156	0.431	部分中介
H7	CTN - PEI - PEB	游客的亲环境身份认同在游客自然联结和亲环境行为之间起中介作用	0.113	0.020	0.232	部分中介

本章还把概念模型 A 与其竞争模型（完全中介模型）A1（见图 5-2）进行了比较，以判断个人规范和亲环境身份认同在游客自然联结和亲环境行为之间是完全中介还是部分中介。根据表 5-16 中 χ^2 与自由度的差值计算可知，$\triangle\chi^2(1)=38.706$，$p<0.001$，部分中介模型显著优于完全中介模型，且部分中介模型的拟合指数也优于完全中介模型。此结果进一步表明，个人规范和亲环境身份认同在游客自然联结和亲环境行为之间起部分中介的作用。个人规范和亲环境身份认同的总中介效果占总影响效果的比例为 0.390/0.823=47.39%。个人规范的中介效果占总中介效果的比例为 0.277/0.390=71.0%；亲环境身份认同的中介效果占总中介效果的比例为 0.113/0.390=29.0%。

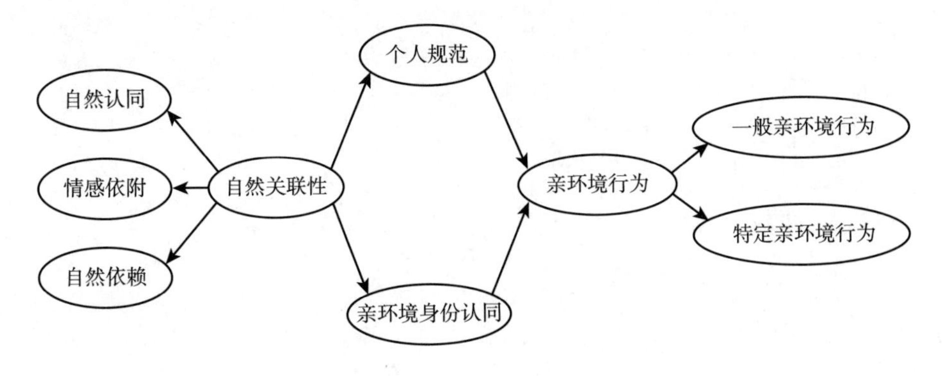

图 5-2　竞争模型 A1

表 5-16　　竞争模型比较（$N=666$）

模型	χ^2	df	χ^2/df	RMSEA	SRMR	GFI	NFI	IFI	TLI	CFI
部分中介模型 A	786. 164	311	2. 528	0. 048	0. 030	0. 917	0. 912	0. 945	0. 937	0. 945
完全中介模型 A1	824. 870	312	2. 644	0. 050	0. 041	0. 914	0. 908	0. 940	0. 933	0. 940

5. 5. 3　模型的解释力

柯恩（Cohen，1988）建议，在行为科学研究中，当 $0.01 < R^2$（squared multiple correlation，多元相关平方）< 0.09 时，解释效应量为小效应；当 $0.09 < R^2 < 0.25$ 时，解释效应量为中等效应；当 $R^2 > 0.25$ 时，解释效应量为大效应。本章中，个人规范、亲环境身份认同和亲环境行为被解释的量（R^2）分别为0. 423、0. 453 和0. 937，均超过大效应的阈值0. 25。此数据表明，个人规范 42. 3% 的方差可由游客自然联结解释，亲环境身份认同 45. 3% 的方差可由游客自然联结解释，亲环境行为 93. 7% 的方差可由游客自然联结、个人规范和亲环境身份认同解释。

城市湿地公园游客自然联结对亲环境行为的影响效应研究（维度层面）

在“城市湿地公园游客自然联结对游客亲环境行为的影响机制”双中介模型基础上，为了进一步检验自然联结量表的理论效度，本书从变量的维度层面剖析城市湿地公园游客自然联结的三个不同维度如何通过个人规范和亲环境身份认同对游客亲环境行为产生影响，使用在广州海珠国家湿地公园内开展的第四轮问卷调查样本 D（$N=486$）对概念模型 B 进行实证检验。

6.1 概念模型构建和研究假设

概念模型 A 表明，游客的亲环境身份认同和个人规范分别在游客自然联结和亲环境行为之间分别起部分中介的作用。游客自然联结既分别通过亲环境身份认同对亲环境行为产生间接影响，又直接对亲环境行为产生直接影响。游客自然联结包括自然认同、情感依附和自然依赖三个因子，亲环境行为包括一般亲环境行为和特定亲环境行为两个因子。本章关注：(1) 游客自然联结的三个因子（自然认同、情感依附和自然依赖）通过游客的亲环境身份认同和个人规范对亲环境行为产生影响的路径是否相同呢？(2) 如果不同，则这三个因子分别如何通过亲环境身份认同和个人规范对亲环境行为产生影响的？（3）对于一般亲环境行为和特定亲环境行为，游客自然联结三个因子的预测作用又有何差异？基于以上问题，本书构建如图 6－1 所示的概念模型 B，从不同维度检验城市湿地公园游客自然联结对游客亲环境行为的预测有效性，并提出以下假设。

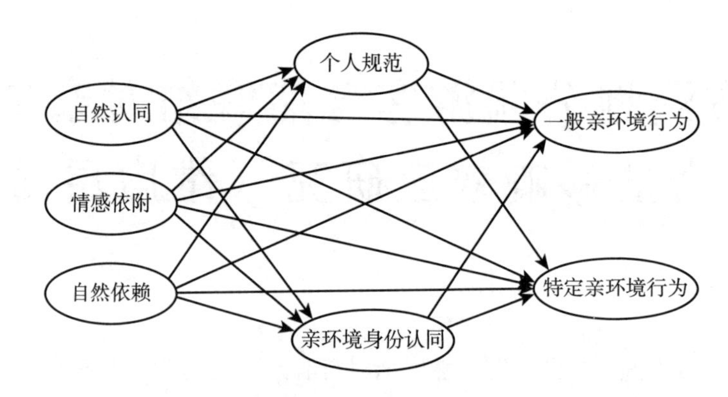

图 6－1　概念模型 B

H8 游客的自然认同正向显著影响个人规范。

H9 游客的自然认同正向显著影响亲环境身份认同。

H10 游客的自然认同正向显著影响一般亲环境行为。

H11 游客的自然认同正向显著影响特定亲环境行为。

H12 游客的情感依附正向显著影响个人规范。

H13 游客的情感依附正向显著影响亲环境身份认同。

H14 游客的情感依附正向显著影响一般亲环境行为。

H15 游客的情感依附正向显著影响特定亲环境行为。

H16 游客的自然依赖正向显著影响个人规范。

H17 游客的自然依赖正向显著影响亲环境身份认同。

H18 游客的自然依赖正向显著影响一般亲环境行为。

H19 游客的自然依赖正向显著影响特定亲环境行为。

H20 游客的个人规范正向显著影响一般亲环境行为。

H21 游客的个人规范正向显著影响特定亲环境行为。

H22 游客的亲环境身份认同正向显著影响一般亲环境行为。

H23 游客的亲环境身份认同正向显著影响特定亲环境行为。

6.2　测量模型的验证性因子分析

本章利用 AMOS 21.0 软件的最大似然估计方法，使用调研样本 D（$N=486$），对概念模型 B 进行验证性因子分析，来检验研究变量的信度和效度。

6.2.1　信度分析

按照前述研究的做法，选取三种信度进行分析：个别信度、内部一致性信度和组合信度。

1. 个别信度

样本 C 中测量项目的个别信度如表 6-1 所示，NI1 的个别信度值为 0.200，达到临界值，考虑到该测量项目是该维度的重要内容，故保留该项目。其余测量项目的个别信度均满足 0.20 以上的条件。

表 6-1　　观测变量的个别信度（$N=486$）

测量项目	个别信度	测量项目	个别信度
NI1	0.200	PEI2	0.634
NI2	0.712	PEI3	0.493
NI3	0.736	PN1	0.658
EA1	0.682	PN2	0.723
EA2	0.696	PN3	0.694
EA3	0.759	PN4	0.595
EA4	0.407	GPEB1	0.650
ND1	0.527	GPEB2	0.782
ND2	0.613	GPEB3	0.738
ND3	0.752	GPEB4	0.613
ND4	0.739	SPEB1	0.299
ND5	0.669	SPEB2	0.768
PEI1	0.733	SPEB3	0.753

2. 内部一致性信度

本章采用 Cronbach's α 系数检验测量项目的内部一致性，分析结果如表 6－2 所示。游客自然联结的三个因子自然认同、情感依附和自然依赖的信度系数分别为 0.734、0.865 和 0.904，游客自然联结总体内部一致性系数为 0.922。亲环境行为的两个因子（一般亲环境行为和特定亲环境行为）的信度系数分别为 0.894 和 0.778，亲环境行为总体内部一致性系数为 0.877。个人规范和亲环境身份认同的 Cronbach's α 系数为 0.885 和 0.821。概念模型中各因子的 Cronbach's α 系数均大于 0.7，表示测量项目的信度良好。概念模型中潜变量的测量项目内部一致性均符合要求。

表 6－2　变量内部一致性信度（N＝486）

变量代码	变量	Cronbach's α
CTN	游客自然联结	0.922
NI	自然认同	0.734
EA	情感依附	0.865
ND	自然依赖	0.904
PN	个人规范	0.885
PEI	亲环境身份认同	0.821
PEB	亲环境行为	0.877
GPEB	一般亲环境行为	0.894
SPEB	特定亲环境行为	0.778

3. 组合信度

本章通过测量模型的验证性因子分析中得到的因子负载计算组合信度。本研究中 7 个潜变量的组合信度分别为 0.774、0.873、0.906、0.889、0.831、0.901 和 0.816（见表 6－3），远超过 0.60 的标准（Bagozzi & Yi, 1988；吴明隆，2010），表明 7 个潜变量具有良好的组合信度。

表6－3　　测量模型的验证性因子分析（$N=486$）

因子	测量项目	标准化因子载荷（SFL）	T值（p value）	标准化系数值的平方（SMC）	组合信度（CR）	平均提取方差（AVE）
自然认同	NI1	0.447	9.722***	0.200	0.774	0.549
	NI2	0.844	21.652***	0.712		
	NI3	0.858	22.124***	0.736		
情感依附	EA1	0.826	21.626***	0.682	0.873	0.636
	EA2	0.834	21.959***	0.696		
	EA3	0.871	23.516***	0.759		
	EA4	0.638	15.025***	0.407		
自然依赖	ND1	0.726	18.122***	0.527	0.906	0.660
	ND2	0.783	20.160***	0.613		
	ND3	0.867	23.690***	0.752		
	ND4	0.859	23.249***	0.739		
	ND5	0.818	21.490***	0.669		
个人规范	PN1	0.811	21.095***	0.658	0.889	0.667
	PN2	0.850	22.656***	0.723		
	PN3	0.833	22.001***	0.694		
	PN4	0.771	19.557***	0.595		
亲环境身份认同	PEI1	0.856	22.307***	0.733	0.831	0.623
	PEI2	0.796	20.074***	0.634		
	PEI3	0.702	16.859***	0.493		
一般亲环境行为	GPEB1	0.806	20.753***	0.650	0.901	0.696
	GPEB2	0.884	24.206***	0.782		
	GPEB3	0.859	23.171***	0.738		
	GPEB4	0.783	19.331***	0.613		
特定亲环境行为	SPEB1	0.547	12.221***	0.299	0.816	0.607
	SPEB2	0.876	23.167***	0.768		
	SPEB3	0.868	22.949***	0.753		

注：*** 表示 $p<0.001$。

6.2.2 效度分析

与前述章节做法一致，本章仍然选用四种效度来检验测量模型的效度，分别是：内容效度和表面效度、结构效度、聚合效度和区分效度。本次调研所采用的调研问卷测量项目与前述研究一致，因此，测量模型具有良好的内容效度、表面效度和结构效度。潜在变量的聚合效度可用组合信度来衡量（Fornell & Larcker，1981）。经过计算，7 个潜在变量的组合信度系数 CR 分别为 0.774、0.873、0.906、0.889、0.831、0.901 和 0.816，均超过 0.60 的标准，平均提取方差（AVE）分别为 0.549、0.636、0.660、0.667、0.623、0.696 和 0.607，均符合大于 0.50 的标准，表明测量项目具有较高的聚合效度。

测量模型的区分效度采用竞争模型比较法（Bagozzi & Phillips，1982）来评价。分析结果表明（见表 6－4），21 组概念的 $\Delta\chi^2$ 值均在 0.001 的水平上显著，表明 7 个潜在变量间具有明显的区分效度。另外，区分效度还可通过一组概念相关性的置信区间来判断（Bagozzi & Phillips，1982；邱皓政和林碧芳，2009），如果两个潜在概念之间相关系数的 95% 置信区间没有包括 1.00，表示该相关系数显著不等于 1.00，则这两个概念具有区分效度。分析结果显示，21 组概念的置信区间均不包括 1（见表 6－4），表明模型的 7 个变量之间具有较好的区分效度。区分效度也可从变量的含义和测量项目上来体现，测量模型中的 7 个变量各自的测量项目的含义具有明显的区别。综合不同的反映潜在变量区分效度的方法可知，测量模型具有较高的区分效度。

表 6－4　　测量模型的区分效度（$N = 486$）

潜变量	限制模型		未限制模型		χ^2 检验		置信区间	
	χ^2	df	χ^2	df	$\Delta\chi^2$	Δdf	Lower	Upper
NI vs. EA	172.770	15	68.235	14	104.536	1	0.694	0.844
NI vs. ND	316.135	21	124.218	20	191.916	1	0.585	0.762

续表

潜变量	限制模型		未限制模型		χ^2 检验		置信区间	
	χ^2	df	χ^2	df	$\Delta\chi^2$	Δdf	Lower	Upper
NI vs. PN	292.943	15	73.909	14	219.035	1	0.532	0.711
NI vs. PEI	259.692	10	52.159	9	207.534	1	0.504	0.709
NI vs. GPEB	349.172	15	88.723	14	260.449	1	0.517	0.689
NI vs. SPEB	328.595	10	76.483	9	252.112	1	0.403	0.630
EA vs. ND	488.038	28	144.299	27	343.739	1	0.677	0.831
EA vs. PN	531.920	21	64.573	20	467.347	1	0.554	0.738
EA vs. PEI	327.221	15	14.184	14	313.037	1	0.496	0.698
EA vs. GPEB	792.716	21	63.220	20	729.496	1	0.423	0.594
EA vs. SPEB	379.618	14	22.576	13	357.041	1	0.471	0.687
ND vs. PN	587.962	28	101.163	27	486.799	1	0.585	0.766
ND vs. PEI	348.339	21	58.728	20	289.611	1	0.540	0.735
ND vs. GPEB	654.977	28	89.497	27	565.480	1	0.612	0.746
ND vs. SPEB	435.192	21	100.079	20	335.113	1	0.523	0.702
PN vs. PEI	143.936	15	33.975	14	109.962	1	0.770	0.902
PN vs. GPEB	783.021	20	103.200	19	679.821	1	0.475	0.642
PN vs. SPEB	258.151	14	40.002	13	218.150	1	0.655	0.824
PEI vs. GPEB	394.252	15	59.455	14	334.797	1	0.504	0.671
PEI vs. SPEB	251.635	10	14.089	9	237.546	1	0.589	0.762
GPEB vs. SPEB	462.671	14	140.817	13	321.854	1	0.460	0.641

注：*** 指 $\Delta\chi^2 > 10.83$（$\Delta df = 1$），$p < 0.001$。

6.2.3　测量模型拟合指数

本章主要根据卡方值（χ^2）、卡方自由度比值（χ^2/df）、近似均方根残差（RMSEA）、标准化均方根残差（SRMR）、适配度指数（GFI）、规范适配指数（NFI）、非规准适配指数（TLI = NNFI）、增值适配指数（IFI）、比较适配指数（CFI）等指标来判断测量模型与样本数据的拟合程度。测量模型的验证性因子分析结果显示（见表6－5）：$\chi^2 = 714.160$，$df = 274$，$\chi^2/df = 2.606$，$p < 0.001$。其他拟合指数也表明测量模型和样本数据的拟

合程度较好。

表 6 – 5　　测量模型与样本数据的拟合指数（N = 486）

χ^2	df	χ^2/df	RMSEA	SRMR	GFI	NFI	IFI	TLI	CFI
714. 160	274	2. 606	0. 058	0. 022	0. 901	0. 922	0. 950	0. 9541	0. 950

6. 3　结构模型评价和假设检验

6. 3. 1　结构模型拟合指数

本章利用 AMOS 21. 0 软件的最大似然估计方法，对概念模型 B 进行估计，判断假设模型与样本数据的拟合程度。结构方程模型包括 7 个变量：自然认同（NI）、情感依附（EA）、自然依赖（ND）、个人规范（PN）、亲环境身份认同（PEI）、一般亲环境行为（GPEB）和特定亲环境行为（SPEB）。结构模型拟合结果显示（见表 6 – 6），假设模型拟合指数较好地达到了模型适配标准，无须进行修正，假设的结构模型与样本数据的适配程度良好。

表 6 – 6　　结构模型与样本数据的拟合指数（N = 486）

χ^2	df	χ^2/df	RMSEA	SRMR	GFI	NFI	IFI	TLI	CFI
698. 895	276	2. 532	0. 056	0. 021	0. 903	0. 923	0. 952	0. 943	0. 952

6. 3. 2　研究假设检验

游客的自然认同、情感依附和自然依赖通过个人规范和亲环境身份认同影响其一般亲环境行为和特定亲环境行为的结构方程模型中，各变量之间的标准化路径系数、显著性和假设检验结果见表 6 – 7。

表6-7 假设检验结果（$N=486$）

序号	研究假设内容		标准化路径系数	标准误	C. R.	检验结果
H8	NI → PN	游客的自然认同正向显著影响个人规范	0.219*	0.058	2.863	支持
H9	NI → PEI	游客的自然认同正向显著影响亲环境身份认同	0.290***	0.069	3.500	支持
H10	NI → GPEB	游客的自然认同正向显著影响一般亲环境行为	0.243*	0.088	3.115	支持
H11	NI →SPEB	游客的自然认同正向显著影响特定亲环境行为	-0.046	0.045	-0.591	不支持
H12	EA → PN	游客的情感依附正向显著影响个人规范	0.104*	0.089	2.524	支持
H13	EA → PEI	游客的情感依附正向显著影响亲环境身份认同	0.104	0.105	1.167	不支持
H14	EA → GPEB	游客的情感依附正向显著影响一般亲环境行为	-0.197*	0.131	-2.395	不支持
H15	EA →SPEB	游客的情感依附正向显著影响特定亲环境行为	0.142	0.067	1.717	不支持
H16	ND → PN	游客的自然依赖正向显著影响个人规范	0.370***	0.053	5.664	支持
H17	ND → PEI	游客的自然依赖正向显著影响亲环境身份认同	0.370***	0.063	5.304	支持
H18	ND → GPEB	游客的自然依赖正向显著影响一般亲环境行为	0.502***	0.085	7.192	支持
H19	ND → SPEB	游客的自然依赖正向显著影响特定亲环境行为	0.111	0.042	1.655	不支持
H20	PN → GPEB	游客的个人规范正向显著影响一般亲环境行为	-0.036	0.141	-0.384	不支持
H21	PN → SPEB	游客的个人规范正向显著影响特定亲环境行为	0.444***	0.078	4.345	支持
H22	PEI → GPEB	游客的亲环境身份认同正向显著影响一般亲环境行为	0.264*	0.126	2.830	支持
H23	PEI → SPEB	游客的亲环境身份认同正向显著影响特定亲环境行为	0.181	0.065	1.907	不支持

注：* 表示 $p<0.05$，*** 表示 $p<0.001$。

游客的自然认同（NI）分别对个人规范（PN）和亲环境身份认同（PEI）具有正向的显著性影响（H8 和 H9 得到支持），游客的自然认同（NI）对其一般亲环境行为（GPEB）具有显著性影响（H10 得到支持），但对于其特定亲环境行为的影响却不显著（H11 未得到支持）。此结论与瓦斯克和科布林（Vaske & Kobrin，2001）的结论一致，其研究发现，对于个体对自然环境的认同可以促使一般亲环境行为的形成。在本章中，自然认同（NI）包括“我认为自己是自然的一部分，而不是独立于自然”“我感觉与自然是融为一体的”和“我认为自己与大自然紧密相连”等测量项目，强调人是大自然的一部分，人与自然是相连接的，可视为一种人和自然的身份连接。一般亲环境行为（GPEB）包括“我会阅读有关湿地公园环境的报道或书籍”“我会和人们讨论湿地公园的环境保护问题”“我会学习如何解决湿地公园的环境问题”和“我会努力说服同伴保护湿地公园的自然环境”等一般意义上的环境行为。特定亲环境行为（SPEB）则包括“如果公园中我最喜欢地方需要从环境破坏中恢复，我自愿停止到访”“游览时，我会尽量不打扰湿地内的动植物”和“游览结束后，我会保持公园内像游览之前一样干净”等具体的环境行为，更多强调的是对游客自身具体行为的约束。根据社会认同理论（Tajfel，1978），自然认同是一种理性的价值观取向，反映游客对于自身作为自然成员资格的认知。感知到自然认同的游客，认识到了自身作为自然成员的资格，愿意去了解、认识和关心自然和环境的问题，但是这部分游客尚未认识到自身的自然成员资格在价值和情感上的重要性，保护自然和环境的意愿尚未转移到对特定环境行为的约束上来，还未能表现出特定的具体亲环境行为。因此，自然认同仅对游客的一般亲环境行为具有显著性影响，而对特定亲环境行为的影响却不显著（H11 未得到支持）。

游客的情感依附（EA）对个人规范（PN）具有正向显著影响（H12 得到支持），但是对亲环境身份认同、一般亲环境行为和特定亲环境行为的影响却不显著（H13、H14 和 H15 未得到支持）。情感依附的测量项目包括：“当处在自然中，我感到快乐和满足”“当处在自然中，我有一种心理上的安全感”“当处在自然中，我有一种愉悦的亲近感”和“当处在自然中，我对大自然的奇特性感到敬畏”。情感依附是游客与自然接触的特定情境中，由外部自然环境诱发产生的一种初级和功利性的情感反应，注重从与自然联结过程中获得的个人乐趣和衍生利益。在自然环境中感知到的情感体验越强，越能激发游客保护自然环境的道德责任感，故而游客的情感依附对个人规范具有正向显著影响（H12 得到支持）。而亲环境身份认同则强调对于保护环境群体成员身份的认识，在特定自然环境中外生性的情感体验并不能直接促使游客以亲环境群体成员的身份来思考、感受和行动，即游客的情感依附对亲环境身份认同的影响并不显著（H13 未得到支持）。情感依附是游客依赖情感和以往经验迅速做出的无意识和情境化的判断，而游客参与环境保护的行为则是依赖认知能力运作之后习得的外显行为。早期情感加工并不能直接导致后期认知加工的形成（Murphy & Zajonc，1993），因此，由自然环境诱发的无意识情感体验并不能直接促使游客表现出特定的亲环境行为，如停止到访需环境恢复的地方、不打扰动植物和保持游览环境卫生（H15 未得到支持），甚至越集中于功利性的情感体验，游客反而对游览区域遭受的环境问题更为忽视，讨论和解决自然环境问题的意愿更低（H14 未得到支持）。

游客的自然依赖（ND）分别对个人规范（PN）和亲环境身份认同（PEI）具有正向显著影响（H16 和 H17 得到支持），游客的自然依赖（ND）对一般亲环境行为具有正向显著影响（H18 得到支持），但对其特定亲环境行为的影响却不显著（H19 未得到支持）。此结论与游客的自然认同（NI）对亲环境行为的影响效应一致，且能够呼应瓦斯克和科布林（2001）的研究结论。自然依赖的测量项目包括：“到湿地旅游与自然环境相连接，对我来说很重要”“如果不能时不时出去享受自然，我会觉得失去了生活的一个重要部分”“我觉得能够从自然体验中获得精神寄托”“我需要尽可能多地处在自然环境中”和“如果有可能，我会经常花时间到大自然中”。自然依赖反映中国传统文化价值观影响下的人与自然相处的精神层面的状态。感知到自然依赖的游客，把与自然相连接、感受自然、体验自然作为生活中不可或缺的一个重要部分，愿意去了解、认识、关心自然和环境问题，倾向于培养保护自然以及实施亲环境行为的道德责任感，认为保护自然环境就是保护自己赖以生存的家园，亲环境身份认同由此生成，并在日常生活中表现出亲环境行为。因此，游客的自然依赖对个人规范、亲环境身份认同和一般亲环境行为具有显著的预测效应（H16、H17和H18得到支持）。值得注意的是，自然依赖并未发现能够直接对特定的亲环境行为产生显著影响（H20未得到支持），可能的原因在于特定的亲环境行为要求游客尽可能地约束自身具体的环境行为，有时甚至还需付出更多的时间和精力来维持该行为，而受到实际条件的限制，有些特定的亲环境行为未必能成功实施。

个人规范（PN）对特定亲环境行为（SPEB）具有正向显著影响，但是对一般亲环境行为（GPEB）的影响却不显著。个人规范指个体对于自身实施亲环境行为的道德责任感，要求游客从自身出发，实施具体的亲环境行为去保护自然和环境，因此对需要约束自身行为的特定亲环境行为具有显著的正向影响（H21得到支持）。一般亲环境行为指的是较为笼统和概括的环境行为，并未要求游客实施具体的环境行为。因此，实施亲环境行为的个人规范对于一般亲环境行为并未有显著的预测作用（H20未得到支持）。亲环境身份认同（PEI）更多强调的是一种对于自我环境身份的确认，游客认为自己属于亲环境身份类型的人，便会以该群体身份来思考、感受和行动，因此能够正向影响其一般亲环境行为的实施（H22得到支持）。对于需要付出更多时间和精力的特定亲环境行为，亲环境身份认同的影响仅为边缘显著（H23未得到支持）。

墨菲和扎约克（Murphy & Zajonc，1993）通过设计一系列实验验证了情感优先假说，情感加工有时候会早于认知加工，并指出早期情感加工与后期认知加工之间存在差异。双过程理论（dual process theory）认为，人类有两种主要的思维模式：一种是快速而直觉的；另一种是缓慢而深思熟虑的（Evans & Stanovich，2013）。这两种类型认知过程被研究者们称为“系统1”和“系统2”（Stanovich & West，2000）。丹尼尔·卡尼曼（Daniel Kahneman）在其著作《思考，快与慢》中阐述了两种认知系统的区别之处：系统1是直觉性、快速、无意识、情境化和自动化的，其依赖情感、记忆和经验迅速作出判断，是类似于动物认知的内隐知识；系统2

则是分析性、缓慢、和抽象的，其受到规则的约束，依赖认知能力的运作，是人类进化后期习得的外显知识。这也在理论上解释了情感依附、自然认同和自然依赖三个维度对个人规范、亲环境身份认同和亲环境行为的预测效应出现差异的深层次原因。

6.3.3　模型的解释力

柯恩（1988）建议，在行为科学研究中，当 $0.01 < R^2$（squared multiple correlation，多元相关平方）< 0.09 时，解释效应量为小效应；当 $0.09 < R^2 < 0.25$ 时，解释效应量为中等效应；当 $R^2 > 0.25$ 时，解释效应量为大效应。本章中，个人规范被解释的量（R^2）为 0.523，亲环境身份认同被解释的量（R^2）为 0.478，一般亲环境行为和特定亲环境行为被自然认同、情感依附和自然依赖解释的量（R^2）均达到 0.509 和 0.574，超过大效应的阈值 0.25。此数据表明，自然认同、情感依附和自然依赖可以解释个人规范 52.3% 的方差和亲环境身份认同 47.8% 的方差，一般亲环境行为 50.9% 的方差和特定亲环境行为 57.4% 的方差可由自然认同、情感依附、自然依赖、个人规范和亲环境身份认同解释。

基于游客自然联结视角的城市湿地公园可持续管理研究

7.1 城市湿地公园可持续管理理论基础

在可持续管理理论发展中，还原论和整体论是两种最主要的理论思想。还原论起源于古希腊，致力用清晰简单的原理解释事物的本质（Baggio，2013），倾向于运用统计学和数学的方法来描述事物的内部关系。该理论在可持续旅游管理的研究中曾产生过广泛影响，尤其是在游客与环境相互作用的早期研究中。此后，还原论被进一步用于分析旅游目的地各利益相关者的社会文化冲突，其中，社区居民、旅游者与旅游目的地三者之间的关系成为可持续旅游管理理论研究关注的重点问题（Tosun，2000）。整体论源于社会科学研究，将旅游目的地的各部分当作一个有机的整体（Baggio，2013），探讨不同个体与群体作用下的综合效应。目前的可持续旅游管理理论中，利益相关者理论和专家意见法被广泛采用。利益相关者理论关注不同利益相关者之间的相互关系并分析最终聚合的行为结果，而专家意见法则突出了中心化的决策模型，强调规划与控制在可持续管理中的重要性。

事实上，基于还原论与整体论的管理理论均存在各自的缺陷。基于还原论的管理理论假设整体为各部分之和，因此把旅游目的地的可持续管理看作是分解再整合的过程，认为各部分的关系总和即代表旅游目的地的现状。然而实践表明，旅游目的地的可持续管理并非简单地综合各部分的关系所能解释。类似的，基于整体论的管理理论将旅游目的地作为单一整体，忽视其内部结构与内部关系的影响。因此，基于整体论的管理理论趋向于对问题的陈述而非分析，并且在可持续管理问题上并不总是可靠。从认识论的角度，整体论与还原论均属于实证研究，其共同的前提都是将旅游目的地管理视为一个线性的、可预测的社会现象。事实上，旅游目的地本身是一个动态发展的复杂系统，其组成部分处于不同的层次和规模上，并且彼此之间存在联系。只有采用系统化的研究方法，才能符合旅游目的地系统动态与不确定的特征，并能够更有效地探讨旅游目的地系统的结构、行为及其与外部环境之间的相互关系。

管理实践是为了建立和维护一个系统以实现管理者期望的系统行为，如生产行为、开发行为和营利行为等。因此，管理理论的价值在于它能在多大程度上帮助管理者更好地实现他们期望的系统行为。全面关系流管理理论（Lin & Cheng，2007；Lin et al.，2013）是一种自觉面向全面关系流的管理，它聚焦于全面关系流的设计、建立和维护，以确定地实现管理者期望的系统行为或消除系统存在的问题。从系统论角度出发，湿地公园系统是由多个组成部分构成的，每个部分彼此联系，通过“关系流”产生相互作用，主要包括信息流、资金流、物质流、能量流和人员流等。湿地公园系统处于一定环境中，外部环境对系统的影响被称为“输入流”。全面关系流即是系统的输入流与其内部关系流的集合。全面关系流管理定理从数学角度证明了系统行为是由什么决定和支配的问题（详见附录3）。其中，定理1证明了系统的环境状态、输入流、各层次上的关系流和系统行为之间存在固有的关系及其规律。在系统环境状态给定的情况下，它的行为是由系统的输入流和系统所有层次上的关系流决定和支配的。定理2证明了如果一个系统具有基层次，那么，它的系统行为就仅仅由系统基层次以上（包含该层次）的关系流和输入流决定和支配，从而不受基层次以下的层次上的关系流的制约和影响。定理2也证明了，在系统环境状态给定的情况下，如果一个系统的系统行为仅仅由系统某一层次以上（包含该层次）的关系流和输入流决定和支配，那么，这个系统层次一定是系统的基层次。定理 3 表明，在系统环境状态给定的情况下，系统行为的变化仅受到基层次及基层次以上的关系流回路的影响。

因此，在一个复杂系统中，基层次对于系统行为的分析尤为重要，基层次上的每一个部分，其行为仅由其对应的输入流决定。管理者只能通过设计、建立和维护期望的系统行为的全面关系流以实现期望的系统行为。这意味着，对于实现管理者期望的系统行为，全面关系流管理是充分和必要的。

7.2 基于游客自然联结视角的城市湿地公园亲环境行为全面关系流设计

本章以城市湿地公园游客与自然环境交互产生的亲环境行为管理为具体问题，详细阐述如何运用全面关系流管理理论中的层级、演化逻辑分析和全面关系流设计来对城市湿地公园游客的亲环境行为进行管理。本书概念模型中的游客自然联结、个人规范、亲环境身份认同和亲环境行为的维度结构和测量项目均构成了城市湿地公园亲环境行为管理的不同层次和内部组成要素（见图 7 – 1）。城市湿地公园游客亲环境行为管理的全面关系流包括 3 个层次：L_1 层次由游客自然联结、个人规范、亲环境身份认同和亲环境行为四个子系统组成；L_2 层次包括研究模型中各变量的维度结构；L_3层次包括游客、湿地资源、生态服务、政府、景区、社区居民等主体。首先，管理者应确立期望的系统行为，即通过培养和提升游客的亲环境行为来促进城市湿地公园的可持续管理。其次，需要对城市湿地公园游客亲环境行为的全面关系流进行设计，包括输入流和层次 L_1、L_2 和 L_3上的关系流，对于关系流的设计需要自上而下从第一层次到基层次进行逐层设计。最后，设计系统的基层次及其基本组成部分（湿地资源、生态服务、游客、景区、政府和社区居民等），管理者要做的是保证基层次的行为输出仅由其输入流来决定。

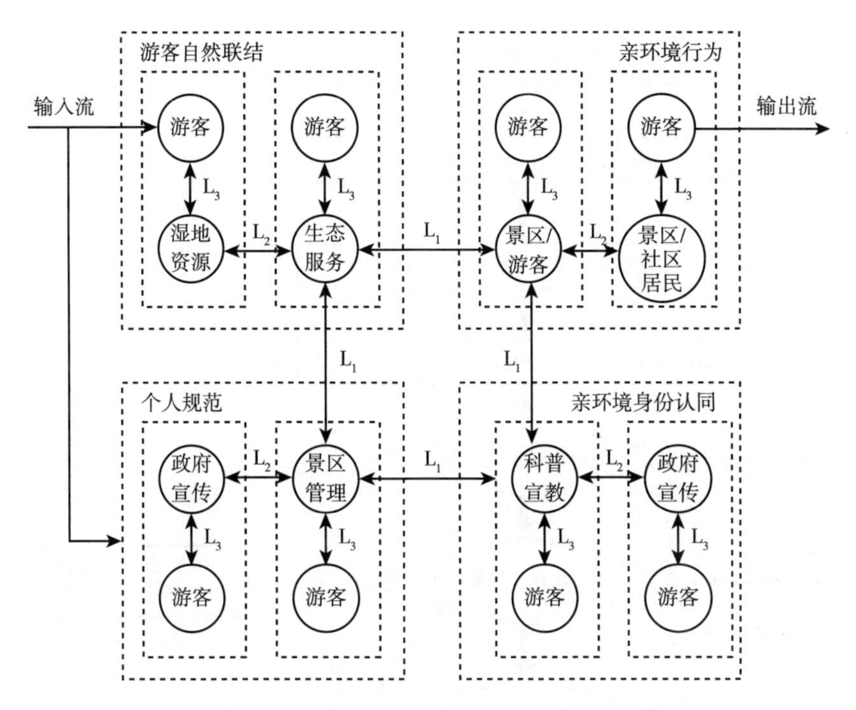

图7-1 城市湿地公园游客亲环境行为全面关系流设计

7.3 基于游客自然联结视角的城市湿地公园可持续管理框架

本章在城市湿地公园亲环境行为关系流分析与设计的基础上，从游客自然联结的视角，对城市湿地公园可持续管理系统的结构和内部层次进行深入剖析，总结提出了游客自然联结视角的城市湿地公园可持续管理框架(见图7-2)，揭示了城市湿地公园可持续管理全面关系流和管理实践之间存在的固有关系及规律，并把非全面关系流因素（如管理架构、职能、激励和规章制度等）与实现这些因素的全面关系流联系起来，具体包括以下步骤。

（1）为了使城市湿地公园可持续管理系统具有管理者期望的系统行为，要从城市湿地公园可持续管理系统的第一层次对可持续管理行为$H_s(t)$

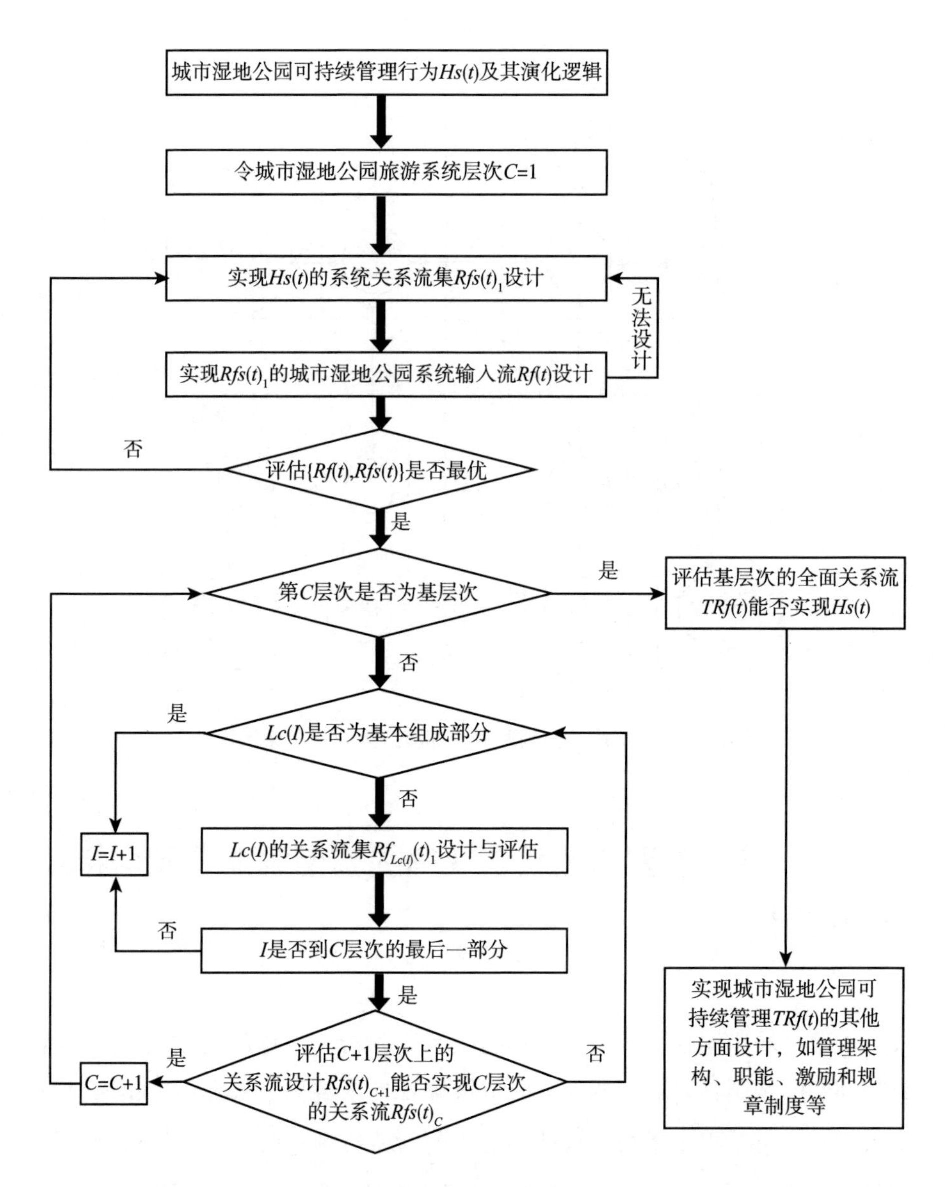

图 7－2　基于游客自然联结视角的城市湿地公园可持续管理框架

及其演化逻辑进行设计。令可持续管理系统层次 $C=1$，当城市湿地公园可持续管理系统环境 S 给定的情况下，只要确定恰当的可持续管理行为 $H_s(t)$，根据全面关系流管理定理 1 就能够设计出实现该行为的系统第一层次上的关系流集 $Rf_s(t)_1$。若第一层次上的关系流集 $Rf_s(t)_1$ 恰当，就能够设计出可持续管理系统的输入流 Rf（t），否则，就要重新设计关系流集 $Rf_s(t)_1$。

（2）对于城市湿地公园可持续管理系统行为，可能存在多个不同的关系流集和系统输入流的设计方案，每个方案花费的成本可能不同。管理者要对每个方案的$\{Rf(t), Rf_s(t)\}$进行评估，直至得到一个最优方案。

（3）根据全面关系流管理定理2判断城市湿地公园可持续管理系统的第 C 层次是否基层次，即 $C=b$ 是否成立。若成立，即得到了城市湿地公园可持续管理系统基层次及以上的关系流集 $Rf_{sb}(t)=\{Rf_s(t)_1, Rf_s(t)_2, \cdots, Rf_s(t)_b\}$，判断得到的全面关系流 $TRf(t)=\{Rf(t), Rf_{sb}(t)\}$ 是否能实现期望的可持续管理行为。若能，则进入到管理框架下一步骤，对实现城市湿地公园可持续管理系统全面关系流的其他方面进行设计；若不能，则返回到步骤（1）第一层次上关系流集的设计。

（4）若城市湿地公园可持续管理系统的第 C 层次不是基层次，就要判断该层次上的系统组成部分 $Lc(I)$ 是否为基本部分。若是，则令 $I=I+1$，依次判断下一个部分是否为基本部分；若不是，就要对层次 $Lc(I)$ 上第 I 部分第一层次上的关系流集 $Rf_{Lc(I)}(t)_1$ 进行设计。评价该关系流集 $Rf_{Lc(I)}(t)_1$ 是否能够实现期望的管理行为，若能，则继续下一个组成部分，直到该层次上最后一个部分。

（5）评价 $C+1$ 层次的关系流设计 $Rf_s(t)_{c+1}$ 是否能够实现第 C 层次的关系流。若能，继续判断 $C+1$ 层次是否为城市湿地公园可持续管理系统的基层次；若不能，就要对 $C+1$ 层次的关系流进行重新设计。

结论与启示

8.1 研究结果与讨论

本书立足中西方思维方式的差异，选取杭州西溪国家湿地公园和广州海珠国家湿地公园为调研地，尝试进行游客自然联结的本土化理论构建和量表编制，剖析城市湿地公园游客亲环境行为的形成机制，并基于全面关系流的设计原理提出游客自然联结视角的城市湿地公园的可持续管理框架。主要包括四个部分的研究内容：一是游客自然联结的本土化理论构建及量表编制；二是城市湿地公园游客自然联结对亲环境行为的影响机制，检验游客的亲环境身份认同和个人规范在二者之间的中介机制；三是探索城市湿地公园游客自然联结维度对亲环境行为维度的影响效应；四是基于游客自然联结视角的城市湿地公园可持续管理研究。研究结论主要包括以下方面。

1. 游客自然联结的三维度结构和测量量表

本书在城市湿地公园旅游情境中，按照量表编制的标准程序，建立和验证了一个适用于中国本土思维方式和文化价值观的游客自然联结量表。量表编制过程包括以下步骤：首先，采用文献研究、深度访谈和焦点小组访谈等多种定性研究方法，生成游客自然联结的初始测量项目；其次，通过在线调研（30 份有效调研问卷）和初步调研（115 份有效问卷），对游客自然联结的测量项目进行净化和调整；再次，通过在西溪国家湿地公园实施的大规模问卷调查（666 份有效问卷）对游客自然联结的维度和测量项目分别进行探索性研究和确认性研究，探索性研究产生潜在的维度和因子结构，确认性研究对游客自然联结因子的结构进行理论验证，二阶因子分析结果表明，三个一阶因子是游客自然联结这个二阶因子的子因子；最后，对编制的游客自然联结量表与西方文化背景下开发的自然联结量表进行比较分析。本书得到的游客自然联结量表包括 3 个维度和 12 个测量项目，3 个维度分别是情感依附、自然认同和自然依赖。情感依附维度包括"当处在自然中，我感到快乐和满足""当处在自然中，我有一种心理上的安全感""当处在自然中，我有一种愉悦的亲近感"和"当处在自然中，我对大自然的奇特性感到敬畏"4 个测量项目；自然认同维度包括"我认为自己是自然的一部分，而不是独立于自然""在游览湿地公园时，我感觉与自然是融为一体的"和"我认为自己与大自然紧密相连"3 个测量项目；自然依赖维度包括"到湿地旅游与自然环境相连接，对我来说很重要""如果不能时不时出去享受自然，我会觉得失去了生活的一个重要部分""我觉得能够从自然体验中获得精神寄托""我需要尽可能多地处在自然环境中"和"如果有可能，我会经常花时间到大自然中"5 个测量项目。

自然可被认为是一个人类所属于其中的社群或集体（Clayton，2003）。社会心理学中的社会认同理论（social identity theory）为本研究通过实证分析得到的游客自然联结三维度结构的确立提供了强有力的支持。泰菲尔（Tajfel，1978）把社会认同定义为个体自我概念的一部分，指个体认识到自己所在群体成员的资格，以及这种资格在价值和情感上的重要性。从该定义中，可以发现社会认同的三个维度：认知维度，指作为集体成员的自我归类；情感维度，指对集体的情感依恋和承诺；评估维度，指集体的价值或重要性。卡梅伦（Cameron，2004）也指出，社会认同理论上包括三个因子：中心性、群体内情感和群体内关系。卡梅伦的三因子模型与泰菲尔的维度划分在内容是一致的，都包括认知、情感和评估三个维度。本书得到的游客自然联结的三个维度，与社会认同理论的三维度结构一致。自然认同强调个体对于自身自然身份的认知；情感依附反映个体处于自然环境中，对自然产生的情感反应；自然依赖则突出人与自然的亲密关系，以及个体对自身自然身份的评价。

2. 构建城市湿地公园游客亲环境行为形成机制模型，探究亲环境身份认同和个人规范在游客自然联结和亲环境行为之间的中介机制和影响效应

本书在计划行为理论、价值—信念—规范理论模型和身份认同理论的基础上，从游客心理层面出发，构建城央湿地公园游客自然联结影响亲环境行为的概念模型，探究亲环境身份认同和个人规范在游客自然联结和亲环境行为之间的中介机制，更进一步地从维度层面上深度剖析和对比游客自然联结的不同因子对游客亲环境行为的影响效应，通过严谨的实证研究对概念模型和研究假设进行检验。结果显示（见表8－1），在本书提出的23个研究假设中，16个研究假设成立，7个研究假设未得到支持。

表8－1　研究假设检验结果汇总

研究	编号	假设内容	检验结果
概念模型A	H1	游客自然联结正向显著影响亲环境行为	支持
	H2	游客自然联结正向显著影响个人规范	支持
	H3	游客的个人规范正向显著影响亲环境行为	支持
	H4	游客的个人规范在游客自然联结和亲环境行为之间起中介作用	支持
	H5	游客自然联结正向显著影响亲环境身份认同	支持
	H6	游客的亲环境身份认同正向显著影响亲环境行为	支持
	H7	游客的亲环境身份认同在游客自然联结和亲环境行为之间起中介作用	支持
概念模型B	H8	游客的自然认同正向显著影响个人规范	支持
	H9	游客的自然认同正向显著影响亲环境身份认同	支持
	H10	游客的自然认同正向显著影响一般亲环境行为	支持
	H11	游客的自然认同正向显著影响特定亲环境行为	不支持
	H12	游客的情感依附正向显著影响个人规范	支持
	H13	游客的情感依附正向显著影响亲环境身份认同	不支持
	H14	游客的情感依附正向显著影响一般亲环境行为	不支持
	H15	游客的情感依附正向显著影响特定亲环境行为	不支持

续表

研究	编号	假设内容	检验结果
概念模型 B	H16	游客的自然依赖正向显著影响个人规范	支持
	H17	游客的自然依赖正向显著影响亲环境身份认同	支持
	H18	游客的自然依赖正向显著影响一般亲环境行为	支持
	H19	游客的自然依赖正向显著影响特定亲环境行为	不支持
	H20	游客的个人规范正向显著影响一般亲环境行为	不支持
	H21	游客的个人规范正向显著影响特定亲环境行为	支持
	H22	游客的亲环境身份认同正向显著影响一般亲环境行为	支持
	H23	游客的亲环境身份认同正向显著影响特定亲环境行为	不支持

一方面，游客的个人规范和亲环境身份认同在其游客自然联结和亲环境行为之间起部分中介的作用得到证实。个人规范在二者之间的中介效果量占总中介效果量的 71.0%，亲环境身份认同在二者之间的中介效果量占总中介效果量的 29.0%。游客自然联结既对其亲环境行为产生直接影响，又通过个人规范对亲环境行为产生间接影响。此研究结果表明，游客自然联结对其亲环境行为具有正向显著影响，与现有文献中自然联结相关概念影响一般环境行为的研究结果一致（Davis et al.，2009；Nisbet et al.，2009；Pearce et al.，2022）。游客自然联结正向显著影响个人规范，个人规范正向显著影响亲环境行为的结论，与一般环境行为的研究结果一致。比如，布朗等（Brown et al.，2010）发现个体与自然的关联越强，越倾向于具有亲环境的个人规范。游客的个人规范正向显著影响其亲环境行为的结论，再次验证了价值—信念—规范理论（Stern，2000）中个人规范能够预测一般环境行为的观点。游客自然联结既对其亲环境行为产生直接影响，又通过个人规范和亲环境身份认同对亲环境行为产生间接影响。游客自然联结正向显著影响其亲环境身份认同，亲环境身份认同正向显著影响其亲环境行为的结论，与一般环境领域的相关研究结果一致（Nigbur et al.，2010；Van der Werff et al.，2013b）。

另一方面，从维度层面上证实了游客自然联结三个因子（情感依附、自然认同和自然依赖）对一般亲环境行为和特定亲环境行为的差异化影响，并从理论上对未得到支持的假设进行了论证。游客的自然认同分别对个人规范、亲环境身份认同和一般亲环境行为具有正向显著影响，但却未发现对特定亲环境行为的显著影响；游客的情感依附对个人规范具有正向显著影响，但对其他变量的影响却不显著；游客的自然依赖对个人规范、亲环境身份认同和一般亲环境行为具有正向显著影响，但也未发现对特定亲环境行为的显著影响。个人规范对特定亲环境行为的影响显著，但对一般亲环境行为的影响却不显著。亲环境身份认同能够正向影响一般亲环境行为，对于特定亲环境行为的影响为边缘显著。

3. 游客与自然联结视角的城市湿地公园可持续管理框架

本书构建并验证的概念模型及变量之间的影响关系，若运用到旅游管理实践中，还需要更为严谨的设计。本书回顾了当前还原论及整体论在可持续管理研究中的不足，提出以一种自觉面向全面关系流的管理来分析城市湿地公园的可持续管理问题。在全面关系流管理理论的指导下，以城市湿地公园内游客与自然环境互动后的亲环境行为管理为具体问题，剖析亲环境行为形成的层级和演化逻辑，并阐释了如何对游客自然联结、个人规范、亲环境身份认同和亲环境行为及其影响路径进行全面关系流的设计。在此基础上，总结归纳游客与自然联结视角的城市湿地公园可持续管理框架，包括识别可持续管理系统行为及其演化逻辑、设计出可持续管理系统的输入流、关系流集和系统输入流的设计方案评估、寻找基层次或基本组成部分、基层次全面关系流的设计与评估、组成部分关系流集的设计与评估、系统层次关系流的设计与评估、实现可持续管理全面关系流的其他方面设计等。希望通过对可持续管理系统行为、层级、组成要素的划分及全面关系流的设计、建立和维护，实现城市湿地公园可持续管理系统整体结构和局部组成要素的动态均衡。

8.2 理论贡献

第一，对“游客自然联结”进行本土化理论构建，编制了适用于中国文化价值观的游客自然联结量表，在理论上丰富了学术界对自然联结概念内涵和结构维度的研究，推动了本土人与自然关系理论的发展。

本书立足中国传统文化价值观与西方价值观的差异，选取人与自然的联结这一重要议题，把西方环境心理学中的“自然联结”概念引入旅游研究，并以城市湿地公园的中国游客为调研样本进行本土化研究，编制了旅游情境下中国本土的游客自然联结测量量表。游客自然联结量表包括三个维度：情感依附、自然认同和情感依赖。这三个维度在理论上逐层递进。情感依附具有纯粹显露效应，不依赖认知加工可独立进行，验证了情感优先假说（Zajonc，1980）。自然认同维度反映游客对自然身份和归属的认同，与梅耶和弗朗茨（Mayer & Frantz，2004）开发的自然关联性量表（CNS）相对应。本书开发的自然认同和情感依附分别反映了游客自然联结的认知信念和情感体验。最为重要的是，本书得到的自然依赖维度，强调自然对于人类的重要性，人不能离开自然而生存，反映了在“天人合一”和“人与自然和谐共生”的中国传统文化价值观念引导下，人与自然的关系和相处的方式。中国人与自然打交道的过程，并不会把人类与自然隔离开来，以保护自然不受人类的干扰，而是与自然相互融合、相互依赖。此观点与巴克利等（Buckley et al.，2008）对于中国生态旅游发展特点的结论相一致，中国的生态旅游并不严格限制游客人数，更加倾向于自然生态与人文景观的结合，注重游客在自然中舒缓压力和修养身心。与西方研究中的游客自然联结相比，中国情境下的游客自然联结的内涵更加丰富。西方研究中的游客自然联结，并未体现中国的人与自然依赖的特点，而这正是中国传统文化中生态思想和生态智慧的体现。比如，《周易》的“天地人和”，道家的“道法自然”，以及儒家的“天人合一”等思想。

第二，从人与自然互动联结的视角，引入“亲环境身份认同”和“个人规范”的概念，剖析了二者在城市湿地公园游客自然联结和亲环境行为之间的中介机制，突破了传统计划行为发生机制的束缚，丰富和拓展了旅游领域亲环境行为影响因素和形成过程的理论研究。

本书借鉴社会心理学和环境社会学的理论，把“亲环境身份认同”和“个人规范”引入旅游领域的亲环境行为研究，并把个人规范、亲环境身份认同、游客自然联结和亲环境行为放到一个理论模型中，更好地揭示了游客自然联结和亲环境行为之间的关系。尽管已有文献对自然联结和亲环境行为之间的关系进行了研究，但以往大多是追求游客量和旅游经济的行为模型。本书从社会心理因素的角度出发，关注游客自然联结和亲环境行为以及二者相互作用的过程，发掘游客行为的潜意识反应机制，并从环境伦理和环境道德的视角，揭示了“亲环境身份认同”和“个人规范”在游客自然联结和亲环境行为之间的内在作用机制。亲环境身份认同和个人规范均具有跨情境较为稳定的特点，不会在短时间内表现出强烈的变化。实证结果确认了个人规范和亲环境身份认同在游客自然联结和亲环境行为之间的部分中介作用。游客自然联结既能够直接影响亲环境行为，又分别通过个人规范和亲环境身份认同影响亲环境行为。与游客自然联结越强的个体，越能够清晰地认识到人类与自然环境是相互依存、不可分离的关系，把自然纳入自我概念的一部分，越倾向于认同自身的亲环境身份，从而表现出亲环境行为来保护生态环境。游客与游客自然联结越强，越能够感知到实施亲环境行为的道德责任感，从而在这种道德责任感的促使下，实施亲环境行为。该理论框架的构建和验证，不仅丰富了学界对于自然联结和亲环境行为的相关研究，更实现了旅游领域对游客自然联结、亲环境行为、身份认同理论和价值—规范—信念理论的整合和突破，拓展了个人规范和身份认同的理论研究。

第三，从维度层面研究情感依附、自然认同和自然依赖对亲环境行为的影响，以及个人规范和亲环境身份认同在其中的影响作用，在理论上丰富了对游客自然联结结构维度及其影响效应的研究。从理论上探索人与自然和谐关系建构的途径，能够与西方相关理论研究对话，推动新时代中国生态文明建设的理论研究。

研究结果表明，游客自然联结的三个维度（情感依附、自然认同和自然依赖）对于个人规范和亲环境身份认同的影响路径比较，进一步深化了游客自然联结的维度和预测有效性的研究，加深了学术界对于游客自然联结理论内涵的理解。对于一般亲环境行为和特定亲环境意向的区分和影响路径的比较，丰富了亲环境行为的理论研究，并再次确认了身份认同理论、规范激活理论和价值—信念—规范理论在旅游领域的环境行为方面的应用，揭示了个人规范和亲环境身份认同对于环境行为的重要预测能力，同时丰富了学术界对于环境行为形成过程和前置变量的研究。作为一种新的文明类型，生态文明是一个完整的社会体系，不仅包括一般的生产和生活，还包括知识的积累和技术的创新，更为重要的是要重构人们的精神境界，精神重塑的前提则是探索人与自然之间和谐关系建构的途径（吴合显等，2015）。在生态文明的理论研究上，需克服以往仅仅从人的角度出发考察人与自然关系的片面性，转变为从人类和自然的双重视角重新认识人与自然的关系，要辩证统一地对待发展与节制、利用与维护，以达到高效利用和精心维护的平衡。因此，正确认识游客自然联结的理论内涵及其对亲环境行为的影响，有助于对生态文明内涵和实质的理解，对于生态文明建设理论的研究具有重要的促进作用。

第四，本书提出的基于游客自然联结的城市湿地公园可持续管理框架，揭示了城市湿地公园管理系统行为、层级、构成要素和全面关系流之间存在的关系及规律，为同类型湿地景区的可持续管理提供了新的理论视角和科学的管理模式。

尽管已有学者提出加强人与自然的联结能够提升环境保护行为，但对于湿地公园旅游管理具体实践而言，所提出的策略和建议过于笼统，缺乏针对性和操作性。基于全面关系流管理理论包含的设计原理，本书以城市湿地公园游客亲环境行为管理为例，根据游客自然联结、亲环境身份认同、个人规范和亲环境行为之间的作用机制，厘清所涉及要素之间关系流的关系及其与系统行为之间的规律，对实现游客亲环境行为的全面关系流进行恰当的设计，在此基础上，归纳总结游客自然联结视角的城市湿地公园可持续管理框架。这一管理框架解决了还原论与整体论的内在矛盾，弥补了还原论研究仅能从局部认识可持续管理问题，而整体论研究又无法反映湿地公园旅游系统内在结构及逻辑关系的缺陷，从系统的高度，将多个影响因素纳入整体系统进行综合分析。不仅揭示了城市湿地公园可持续管理系统行为、内部结构和全面关系流的内在逻辑关系，还能够识别多个子系统、不同层次和各层次组成要素之间的关系流，并进行恰当的设计和优化维护，为同类型湿地景区的可持续管理提供了科学的决策依据。

8.3 实践管理启示

第一，游客自然联结内涵和维度的研究，能够为公共管理部门和城市湿地公园管理者进行湿地旅游资源开发和生态文明建设提供借鉴和启示。

游客自然联结的实证研究显示，情感依附、自然认同和自然依赖是逐层递进的关系，自然依赖维度是三个维度中最重要的，亦是中国文化价值观影响下所特有的。人是自然的一分子，人类与自然是相互依赖的关系。人类社会和自然生态系统是两个并存的自组织体系，人类的生存和发展是以牺牲自然环境为代价来获得的。只能通过不断地互动磨合才能找到自然资源开发与生态维护最佳的平衡点，人类与生态系统才能实现和谐共存。研究结果对政府部门和城市湿地公园进行旅游资源开发和生态文明建设提供了重要的借鉴依据。

首先，进行湿地旅游开发活动时，要重新审视人类与自然的联系，明确认识自然系统的价值。自然既具有为人类社会所用的工具性价值，也具有自身的内在价值。其次，要严格尊重自然规律，把旅游经济的发展与湿地生态环境的保护结合起来。比如，提倡和鼓励开发可再生的湿地生态旅游资源，有节制地开发和使用不可再生的生态旅游资源，湿地生态旅游的开发活动要限制在生态环境的承载量范围内。再次，树立自然万物平等的观念，尊重资源本身的性质和规律，通过一定手段把本来对人类无用的自然资源转变成能够开发利用的旅游资源，赋予经济价值。最后，树立“人与自然和谐统一”的生态价值观，推动城市生态文明建设，从而实现城市价值的复合化和城市功能的集约化发展。

第二，游客自然联结对亲环境行为影响机制的研究，能够为公共管理部门和城市湿地公园管理者进行游客目标市场细分、厘清游客亲环境行为的影响因素和制定游客亲环境行为的管理干预政策提供科学的参照依据。

首先，识别与判断游客与自然的联结处在何种层次与水平上，有针对性地对游客进行目标市场细分，并制定相应的营销和宣传策略。比如，注重与自然情感依附的游客群体，重视的是从自然中获得的即时性感受，在制定营销宣传方案时，要强调湿地景区能为游客提供接触大自然、休闲放松及愉悦身心的功能；更多强调自然认同的游客群体，认为人是自然的一部分，与自然融为一体，在制定宣传策划活动时，突出在湿地中能够拥抱自然、回归自然、找回自我，与野生动植物为友，表现人的本真生存状态等功能；追求自然依赖的游客追求人与自然的和谐统一，景区的宣传活动要体现尊重自然、重视自然价值，为游客营造与自然和谐相处的场景，激发游客对自然生态系统和人文生态系统的关怀和保护，实现生态保护和经济效益的协调发展。

其次，不断推行对游客的自然教育和环境教育，强化游客的亲环境身份认同和个人规范。游客的亲环境身份认同和个人规范在游客自然联结和亲环境行为之间分别起部分中介的作用，通过培育游客的亲环境身份认同和个人规范，能够促进游客的亲环境行为的形成。在具体经营管理方式上，公共管理部门和城市湿地公园管理者应把生态教育和环境教育作为景区科普教育的重要内容，纳入景区解说和教育体系。不仅传达生态知识，更重要的是传递一种亲环境的态度和意识，通过提升游客的环境道德水平和生态伦理观念，不断加强游客与自然的联结和环境身份的认同感，使游客的亲环境行为内化为自发性的行为和道德规范。比如，完善景区的环境解说系统，不仅要设置图片文字解说牌、电子解说牌、组织生态主题宣传活动、创建自然教育学校和生态教育基地、制定生态旅游指南等方式，还要通过导游员讲解加强生态文化和环境宣传教育，营造出亲环境的旅游氛围，使游客在游览过程中潜移默化地接受自然和生态教育，从而提高自身的生态意识，规范自身的环境行为。

最后，积极引导游客的生态文化价值观，提倡文明健康、绿色低碳的适度消费模式。政策制定者可通过网络、媒体等途径倡导环境友好型的旅游生活方式，使游客认识到奢侈性消费并不比顺应自然的简朴生活方式对自身健康有益。积极引导游客参与绿色消费，购买环保型旅游纪念品，抵制对生态环境有害的产品和野生动植物制品，限制旅游商品和纪念品的过度包装。游客要自觉约束自身行为，培养实施亲环境行为的道德责任感。积极参与公益活动，支持景区内开展的生态旅游计划和环境保护计划；把“可持续”作为一种生活态度和生活方式。

第三，在亲环境行为全面关系流设计基础上提出的游客与自然联结视角的城市湿地公园可持续管理框架，为城市湿地公园提高管理绩效提供了科学的管理模式，并为公共管理部门构建全社会共同参与的城市湿地可持续环境治理体系提供了新的视角和思考框架。

全面关系流管理范式在城市湿地公园的实践应用降低了可持续管理研究和实践的复杂性，尤其是全面关系流管理方法和工具的使用。它能够帮助管理者构建科学的管理知识和体系，对城市湿地公园可持续管理行为的全面关系流进行规范的设计、维护和优化。通过剖析可持续管理系统内部结构、层级和组成要素，识别不同层次、子系统以及各要素之间的关系流，对从第一层次到基层次的关系流进行恰当的设计，以期实现管理者期望的城市湿地公园可持续管理系统行为和功能。另外，公共管理部门要进行合理的制度设计，加强游客行为管理，鼓励游客积极参与城市湿地公园的可持续管理。比如，湿地公园建设项目的立项和可行性研究阶段，要广泛征求公众的意见，增强公众参与程度。完善湿地公园的游客参与制度，湿地公园管理者应及时准确地披露区域内的环境信息，保障游客的知情权，维护游客的环境权益。政府公共管理负责人可利用社交媒体工具，如通过电视、广播和网络，与游客进行不定期沟通。建立环境公益诉讼制度，给予游客监督、举报甚至投诉的权利，以有效缓解湿地公园内出现的环境破坏的行为。发挥旅游景区管理协会、环保协会和志愿者的积极作用，使游客能够参与湿地环境保护公共事务的决策过程，促进湿地公园生态旅游的可持续健康发展。比如，设置游客进行环保投诉和环保建议的渠道，在湿地公园内设置环保信箱，保证游客可以通过有效途径，对湿地公园出现的环境保护问题和行为进行投诉和建议；可以开展与环境保护相关的社会问卷调查和电子问卷调查，使游客能够充分地向公共管理部门和湿地公园管理委员会提出意见和建议。

8.4　研究局限与展望

8.4.1　研究局限

1. 调研样本代表性方面的局限

由于湿地景区游客游览活动的短暂性和季节性，本书采用便利抽样的方法对湿地公园的游客进行调研。研究者收集到的样本基本能够代表节假日和周末来到湿地公园旅游的游客整体特征，这在一定程度上保证了当前研究结果的外部效度。便利抽样的调研方法虽然在旅游研究中被普遍采用，但与随机抽样调查相比，调研样本还是缺乏一定的代表性。另外，本书的多次调研时间选择在游客量充足的黄金周和周末期间，处于不同季节的游客对环境的感知具有一定的差异性，未来的研究可同时选择旺季、淡季、工作日、周末的时间点分别进行问卷调研，以更全面地描绘游客亲环境行为的形成机制。

2. 社会赞许误差方面的局限

因为直接观察游客的环境行为的成本较高，本书采用被访者主观自述（self - reported）的问卷调查方法，来收集游客自然联结、亲环境身份认同、个人规范和亲环境行为的数据。受访者可能受到社会赞许（social desirability）的影响，对自身的环境行为的评价更倾向于迎合社会需要，而不能表达内心真实的想法，这在一定程度上影响了调查数据的效度。未来可采用自评法和观察法相结合，或者使用情境模拟实验对游客的亲环境行为进行研究。另外，本书测量的是湿地公园游客的亲环境行为意向，并不是游客实际的亲环境行为。虽然以往研究表明，行为意向能够有效地预测个体未来的行为，但仅对游客的行为意向进行测量仍然存在一定的局限性。未来的研究可以同时测量游客的行为意向和实际行为，并对二者的关系进行研究。

3. 调研设计方面的局限

本书中变量的测量是通过横断面设计（cross－sectional design）收集的截面数据。游客自然联结、亲环境行为、个人规范和亲环境身份认同等变量虽然在一定的时间内具有稳定性，但是长期来看，是会随着时间的推移而产生变化。未来可考虑采取纵断调研法（longitudinal design），对游客进行追踪调查，选择不同的时间点，收集纵向数据考察游客自然联结、亲环境行为、个人规范以及亲环境身份认同随时间的变化情况，并对以上变量之间的影响效应进行分析。

8.4.2 未来研究方向

1. 选择多样化的研究群体和景区类型进行量表和模型的验证

本书以城市湿地公园的游客为调研对象，剖析了游客自然联结和亲环境行为之间的作用机制，并实证检验了个人规范和亲环境身份认同在二者之间的中介作用。未来可以选择不同的研究群体（如青少年群体、观鸟爱好者群体、环境保护主义者群体）对概念模型中的变量及其之间的关系进行验证。还可以选择不同的研究情境对本书编制的游客自然联结量表进行重复性检验。随着人类社会向生态文明不断迈进，游客对自然的认知、情感等因素、环境意识、身份认同和亲环境行为等可能会发生变化，未来可扩展到不同类型的旅游景区，比如山岳型旅游区、国家公园、民族文化旅游区等，进一步检验编制量表的普遍适用性和研究模型的稳健性。

2. 选择不同的利益相关者视角进行自然联结和环境行为的研究

未来研究可以选择以社区居民的视角或旅游开发商的视角，探索自然联结对亲环境行为的影响机制。在旅游活动中，社区居民对于自然生态环境和人文生态环境的维护起到至关重要的作用，与游客相比，他们可能具有更强的亲环境身份认同和个人规范，对于游客自然联结和亲环境行为的理解程度也可能更为深刻。旅游开发商的诉求不同于社区居民和游客，面对旅游资源开发和生态环境保护的矛盾，旅游开发商具有何种环境身份和个人规范，他们又会表现出怎样的亲环境行为？因此，对以上变量以及相互之间的关系进行研究，可能会发现一些新的结论。

3. 扩展更多与核心概念相关的前因后果变量来丰富研究模型

本书仅关注游客自然联结对其亲环境行为的影响，以及个人规范、亲环境身份认同在二者之间的中介作用。随着学界研究的不断推进，情感因素对于个体行为的影响越来越不容忽视。未来研究可扩展更多与模型中核心概念相关的前因后果变量，尤其是情绪情感因素相关的变量，如敬畏、感恩、承诺、欣喜、愧疚等来解释亲环境行为的形成过程。另外，对于自然联结的其他后果变量的研究也不容忽视，如幸福感、精神性、生活质量、支付意愿等概念，研究与自然联结程度较强的个体是否具有更高的幸福感和生活质量，考察他们是否愿意为了保护自然界的长远利益而牺牲眼前的个人利益等问题。以上概念的研究对于保护自然环境、改善人类生活空间和促进人类社会的健康发展具有重要的参考价值。

4. 针对城市湿地公园可持续管理的其他方面进行全面关系流设计

本书在概念模型验证的基础上以游客亲环境行为管理为具体问题，运用全面关系流管理理论中蕴含的设计原理，剖析城市湿地公园亲环境行为管理的不同层次和内部组成要素与全面关系流之间存在的关系及规律，在此基础上总结提出基于游客自然联结视角的城市湿地公园可持续管理框架，以期有助于指导城市湿地公园可持续管理的具体实践。值得注意的是，本书仅对城市湿地公园亲环境行为的全面关系流进行了设计，但对于城市湿地公园可持续管理其他方面的解决措施和关系流的设计还需要根据湿地公园的现实情境进行具体分析和应对。另外，本书提出的城市湿地公园可持续管理框架，还需要更多具体案例研究来验证和支持。

附录1　初步研究调查问卷

城市湿地公园游客调查问卷

尊敬的先生/女士：

您好！我们是自然和生态旅游研究团队，正在进行一项针对城市湿地公园游客的调查，希望了解您在湿地公园中的感知情况和环境行为。本次调查为匿名制，调查结果仅用于学术研究，请放心作答。本问卷答案无对错之分，请根据自己的真实想法，在您认为最合适的选项上打“√”。

下列有关**人和自然关系**的描述，您是否同意？请根据您的实际感受，在相应的数字上打“√”（5表示“非常同意”，1表示“非常不同意”，数字越大表示越同意，数字越小表示越不同意）。

题号	题项	非常同意	比较同意	一般	比较不同意	非常不同意
Q1	我认为自己是自然的一部分，而不是独立于自然	5	4	3	2	1
Q2	在游览湿地公园时，我感觉与自然是融为一体的	5	4	3	2	1
Q3	我认为自己与大自然紧密相连	5	4	3	2	1
Q4	人类和自然相互依存，不可分割	5	4	3	2	1
Q5	人类有权利以任何方式使用自然资源	5	4	3	2	1
Q6	人类和自然应是和谐共处的关系	5	4	3	2	1

续表

题号	题项	非常同意	比较同意	一般	比较不同意	非常不同意
Q7	人类与自然界的其他物种有很多共同之处	5	4	3	2	1
Q8	动植物与人类享有平等的地位和权利	5	4	3	2	1
Q9	对地球负责任的行为方式是我道德准则的一部分	5	4	3	2	1
Q10	当处在自然中，我没有感到特别放松和自由	5	4	3	2	1
Q11	当处在自然中，我感到快乐和满足	5	4	3	2	1
Q12	当处在自然中，我有一种心理上的安全感	5	4	3	2	1
Q13	当处在自然中，我有一种愉悦的亲近感	5	4	3	2	1
Q14	当处在自然中，我对大自然的奇特性感到敬畏	5	4	3	2	1
Q15	成为大自然的一部分对于“我是谁”很重要	5	4	3	2	1
Q16	到湿地公园旅游，与自然环境相连接，对我来说很重要	5	4	3	2	1
Q17	如果不能时不时出去享受自然，我会觉得失去了生活的一个重要部分	5	4	3	2	1
Q18	我觉得能够从自然体验中获得精神寄托	5	4	3	2	1
Q19	我个人的福祉与大自然的福祉无关	5	4	3	2	1
Q20	我需要尽可能多地处在自然环境中	5	4	3	2	1
Q21	如果有可能，我会经常花时间到大自然中	5	4	3	2	1

背景资料部分：请在符合您情况的选项上打“√”。

1. 您的性别：① 男　　② 女

2. 您的年龄：① 18 ~ 25 岁　　② 26 ~ 35 岁　　③ 36 ~ 45 岁

④ 46 ~ 55 岁　　⑤ 56 – 65 岁　　⑥ 65 岁以上

3. 您的教育程度：

① 初中及以下　② 高中/中专　③ 大专　④ 大学本科　⑤ 研究生及以上

4. 您的职业：

① 政府/事业单位职工　② 企业家/公司高管　③ 公司职员

④ 私营业主　⑤ 自由职业者　⑥ 家庭主妇

⑦ 离退休人员　⑧在校学生　⑨ 其他________

5. 您的月收入：

① 3000 元及以下　② 3001 ~ 5000 元　③ 5001 ~ 8000 元

④ 8001 ~ 10000 元　⑤ 10001 ~ 15000 元　⑥ 15000 元以上

6. 您目前的居住地：________省________市

7. 调查地点：__________

请您确认已经答完所有的问题，非常感谢您的支持与合作！

附录2　正式研究调查问卷

城市湿地公园游客调查问卷

尊敬的先生/女士：

您好！我们是自然和生态旅游研究团队，正在进行一项针对城市湿地公园游客的调查，希望了解您在湿地公园中的感知情况和环境行为。本次调查为匿名制，调查结果仅用于学术研究，请放心作答。本问卷答案无对错之分，请根据自己的真实想法，在您认为最合适的选项上打“√”。

第一部分：

1. 这是您第________次游览西溪/海珠湿地公园？（若是第1次，请转到第4题）

2. 您第一次来西溪/海珠湿地公园，是多久之前（以月份计算）：____个月

3. 您平均多久游览一次西溪/海珠湿地公园？

A. 多年（3年以上）一次　　B. 2～3年一次　　C. 每年一次

D. 一年多次（12次以下）　　E. 至少每月一次

4. 这次与您一同游览西溪/海珠湿地公园的共有（包括自己）____个人？他们是（请在相应的选项上打“√”）？

A. 家人　　B. 朋友　　C. 同学　　D. 同事

E. 情侣　　F. 旅游团　　G. 独自出游　　H. 其他，请指出______

5. 您游览西溪/海珠湿地公园的动机是什么，请在相应选项上打“√”，可多选。

A. 亲近和享受自然　　　　　B. 了解湿地公园的自然环境

C. 参加喜欢的户外活动　　　D. 释放压力，放松身心

F. 花时间陪朋友/家人　　　　E. 有机会独处

G. 其他，请指出________

第二部分：

下列有关**人和自然关系**的描述，您是否同意？请根据您的实际感受，在相应的数字上打“√”。（5 表示“非常同意”，1 表示“非常不同意”，数字越大表示越同意，数字越小表示越不同意）

题号	题项	非常同意	比较同意	一般	比较不同意	非常不同意
Q2－1	我认为自己是自然的一部分，而不是独立于自然	5	4	3	2	1
Q2－2	在游览湿地公园时，我感觉与自然是融为一体的	5	4	3	2	1
Q2－3	我认为自己与大自然紧密相连	5	4	3	2	1
Q2－4	人类和自然相互依存，不可分割	5	4	3	2	1
Q2－5	人类和自然应是和谐共处的关系	5	4	3	2	1
Q2－6	人类与自然界的其他物种有很多共同之处	5	4	3	2	1
Q2－7	动植物与人类享有平等的地位和权利	5	4	3	2	1
Q2－8	当处在自然中，我感到快乐和满足	5	4	3	2	1
Q2－9	当处在自然中，我有一种心理上的安全感	5	4	3	2	1
Q2－10	当处在自然中，我有一种愉悦的亲近感	5	4	3	2	1
Q2－11	当处在自然中，我对大自然的奇特性感到敬畏	5	4	3	2	1
Q2－12	到湿地公园旅游，与自然环境相连接，对我来说很重要	5	4	3	2	1
Q2－13	如果不能时不时出去享受自然，我会觉得失去了生活的一个重要部分	5	4	3	2	1
Q2－14	我觉得能够从自然体验中获得精神寄托	5	4	3	2	1
Q2－15	我个人的福祉与大自然的福祉无关	5	4	3	2	1
Q2－16	我需要尽可能多地处在自然环境中	5	4	3	2	1
Q2－17	如果有可能，我会经常花时间到大自然中	5	4	3	2	1

第三部分：

下列有关<u>**湿地公园和游客行为**</u>的提法，您是否同意？请根据您的真实想法，在相应的数字上打“√”。（5 表示“非常同意”，1 表示“非常不同意”，数字越大表示越同意，数字越小表示越不同意）

题号	题项	非常同意	比较同意	一般	比较不同意	非常不同意
Q3－1	我会阅读有关湿地公园环境的报道或书籍	5	4	3	2	1
Q3－2	我会和人们讨论湿地公园的环境保护问题	5	4	3	2	1
Q3－3	我会学习如何解决湿地公园的环境问题	5	4	3	2	1
Q3－4	我会努力说服同伴保护湿地公园的自然环境	5	4	3	2	1
Q3－5	如果公园中我最喜欢地方需要从环境破坏中恢复，我自愿停止到访	5	4	3	2	1
Q3－6	我会签名支持湿地公园的保护工作与行动	5	4	3	2	1
Q3－7	我会尽量不打扰湿地内的动植物	5	4	3	2	1
Q3－8	旅行结束后，我会保持这个地方像来之前一样干净	5	4	3	2	1
Q4－1	我有义务保护湿地公园的环境	5	4	3	2	1
Q4－2	我觉得在道德上有必要以环保的方式行事	5	4	3	2	1
Q4－3	亲环境行为会让我感觉良好	5	4	3	2	1
Q4－4	如果我在湿地旅游中，不以环保的方式行事，我会感到内疚	5	4	3	2	1
Q5－1	采取环保行为是“我是谁”的一个重要组成部分	5	4	3	2	1
Q5－2	我是会做出亲环境行为类型的人	5	4	3	2	1
Q5－3	我认为自己是一个环境友好型的人	5	4	3	2	1
Q5－4	我认为自己是一个非常关心环境问题的人	5	4	3	2	1
Q5－5	如果被迫放弃环保行为，我会感到不知所措	5	4	3	2	1

第四部分：请在符合您情况的选项上打“√”。

6. 您的性别：① 男　　　② 女

7. 您的年龄：① 18～25 岁　② 26～35 岁　③ 36～45 岁
④ 46～55 岁　⑤ 56～65 岁　⑥ 65 岁以上

8. 您的教育程度：

① 初中及以下　② 高中/中专　③ 大专　④ 大学本科　⑤ 研究生及以上

9. 您的职业：

① 政府/事业单位职工　② 企业家/公司高管　③ 公司职员
④ 私营业主　⑤ 自由职业者　⑥ 家庭主妇
⑦ 离退休人员　⑧ 在校学生　⑨ 其他______

10. 您的月收入：

① 3000 元及以下　② 3001～5000 元　③ 5001～8000 元
④ 8001～10000 元　⑤ 10001～15000 元　⑥ 15000 元以上

11. 您目前的居住地：________省________市

12. 调查地点：________

请您确认已经答完所有的问题，非常感谢您的支持与合作！

若您对湿地公园的旅游活动和管理有任何的意见，请反馈给我们的调查员或写在下面的横线上。

____

附录3　全面关系流管理定理

定理1　设在环境 $E_n(S)$ 中，$S \in B$，系统 $Or(n)$ 在 t 时刻有 m 层，$m \geqslant 1$，则在 t 时刻系统的输入流 $Rf(t)$、行为 $H_{Or}(t)$ 和两个相邻层次的关系流集 $Rf_{Or}(t)_C$ 和 $Rf_{Or}(t)_{C+1}$，$C=1$，2，…，$m-1$（见图1），恒有：

$$Rf_{or}(t)_1 = f[S, H_{or}(t)] \tag{1}$$

$$Rf(t) = f[S, Rf_{or}(t)_1] \tag{2}$$

$$Rf_{or}(t)_1 = f[Rf(t), H_{or}(t)] \tag{3}$$

$$Rf_{or}(t)_{C+1} = f[Rf(t), Rf_{or}(t)_C] \tag{4}$$

$$C = 1, \cdots, m-1$$

其中，S 指的是 t 时刻系统环境的状态，B 指的是 t 时刻系统环境状态空间。

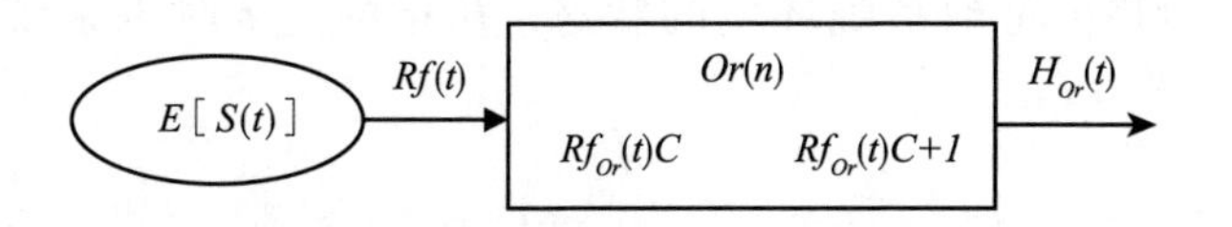

图1　具有相邻层次的系统

定理2　设在环境 $E_n(S)$ 中，$S \in B$，$Rf_{Orb}(t)$ 和 $H_{Or}(t)$ 分别为 t 时刻系统 $Or(n)$ 在层次 L_b 上的关系流集和系统行为（见图2），则当且仅当 L_b 任一部分 $e(p) \in Or(n)$ 的状态 $s_p(t)$ 及其行为 $H_p(t)$ 仅由其输入流 $Rf_p(t)$ 决定时（见图3），亦即

$$s_p(t) = \phi_p[Rf_p(t)] \tag{5}$$

和

$$H_p(t) = \phi_p[Rf_p(t)] \tag{6}$$

时，恒有

$$H_{or}(t)=\Psi[Rf(t),Rf_{orb}(t)] \tag{7}$$

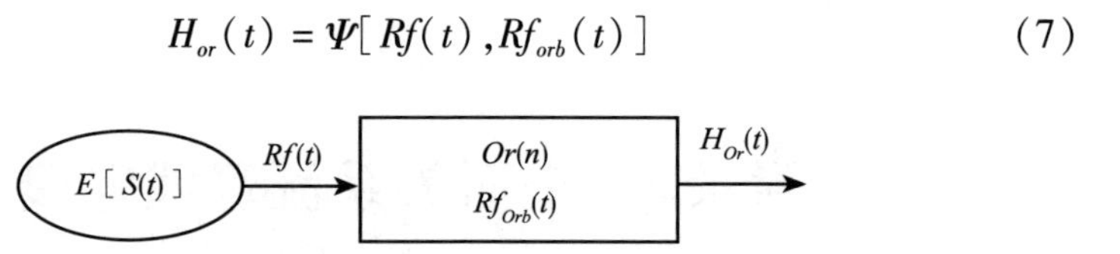

图 2　具有基层次 L_b 的系统 $Or(n)$

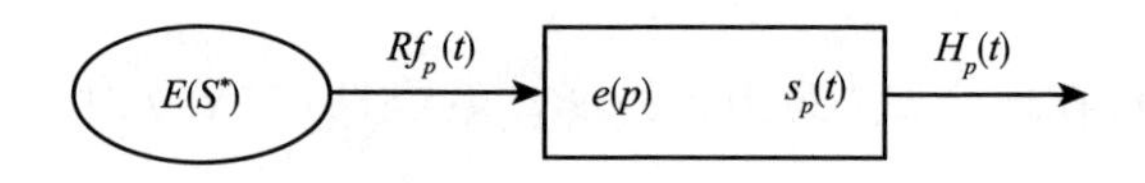

图 3　系统基层次上的部分 $e(p)$

其中，S 指的是 t 时刻系统环境的状态，S^* 指的是 t 时刻基层次环境的状态，B 指的是 t 时刻系统环境状态空间；层次 L_b 指的是系统基层次。

定理 3　设在环境 $E_n(S)$ 中，$S \in B$，在 t 时刻系统 $Or(n)$ 的基层次 L_b 以上存在关系流集 $Rf_{Orb}(t)$ 和行为 $H_{Or}(t)$，且关系流集 $Rf_{Orb}(t)$ 中不存在回路，则可得：

$$H_{Or}(t)=\varphi_1[S(t)] \tag{8}$$

$$H_{Or}(t)=\varphi_2[Rf(t)] \tag{9}$$

其中，S 指的是 t 时刻系统环境的状态，B 指的是 t 时刻系统环境状态空间。

参考文献

[1] [美] 丹尼尔·卡尼曼. 思考，快与慢 [M]. 胡晓姣，李爱民，何梦莹，译. 北京：中信出版集团，2012.

[2] [法] 阿尔弗雷德·格罗塞. 身份认同的困境 [M]. 王鲲，译. 北京：社会科学文献出版社，2010.

[3] 蔡礼彬，朱晓彤. 旅游者—环境契合度会影响环境责任行为吗？——以难忘的旅游体验、地方依恋为中介 [J]. 旅游学刊，2021，36 (7)：119－131.

[4] 崔凤，唐国建. 环境社会学：关于环境行为的社会学阐释 [J]. 社会科学辑刊，2010 (3)：45－50.

[5] 丁常云. 天人合一与道法自然——道教关于人与自然和谐的理念与追求 [J]. 中国道教，2006 (3)：5－8.

[6] 方杰，张敏强. 中介效应的点估计和区间估计：乘积分布法、非参数 Bootstrap 和 MCMC 法 [J]. 心理学报，2012，44 (10)：1408－1420.

[7] 国家气象局. 2023 年中国气候公报 [R]. 2024.

[8] 何嘉梅，尹杰. 环境保护身份认同影响环境决策的心理加工机制 [J]. 心理研究，2022，15 (2)：152－159.

[9] 黄芳铭. 社会科学统计方法学：结构方程模式理论与应用 [M]. 台北：五南图书出版公司，2004.

[10] 黄向，宋惠敏. “自然依恋”的概念辨析及测量方法构建 [J]. 自然保护地，2022，2 (1)：63－73.

[11] 霍丹丹. 中国构建参与北极环境治理的身份认同探究 [D]. 兰州：兰州大学，2023.

[12] 焦开山. 社会经济地位、环境意识与环境保护行为：一项基于

结构方程模型的分析 [J]. 内蒙古社会科学（汉文版），2014，35（6）：138 - 144.

[13] 李秋成. 人地、人际互动视角下旅游者环境责任行为意愿的驱动因素研究 [D]. 杭州：浙江大学，2015.

[14] 李雪莹，田劭唯，戴健驰，等. 国家公园环境教育对访客亲环境行为的影响：一个链式多重中介模型的实证检验 [J]. 北京林业大学学报（社会科学版），2023，22（4）：1 - 8.

[15] 林兵，刘立波. 环境身份：国外环境社会学研究的新视角 [J]. 吉林师范大学学报（人文社会科学版），2014（5）：77 - 82.

[16] 凌文辁，方俐洛. 心理与行为测量 [M]. 北京：机械工业出版社，2003.

[17] 刘世博. 生态保护视角下的城市湿地公园绿化养护策略 [J]. 现代园艺，2021，44（2）：161 - 162.

[18] 蒲苑君，李铤，陈莹，等. 土壤改良技术在城市湿地公园中的应用研究——以海珠国家湿地公园一期为例 [J]. 中国水土保持，2023（12）：64 - 66.

[19] 祁秋寅，张捷，杨旸，等. 自然遗产地游客环境态度与环境行为倾向研究——以九寨沟为例 [J]. 旅游学刊，2009，24（11）：41 - 46.

[20] 祁潇潇，赵亮，胡迎春. 敬畏情绪对旅游者实施环境责任行为的影响——以地方依恋为中介 [J]. 旅游学刊，2018，33（11）：110 - 121.

[21] 邱皓政，林碧芳. 结构方程模型的原理与应用 [M]. 北京：中国轻工业出版社，2009.

[22] 邱皓政. 结构方程模式 [M]. 台北：双叶书廊有限公司，2004.

[23] 滕熙，林晨薇，何芹，等. 城央型湿地公园规划策略研究——以广州海珠湿地为例 [J]. 南方建筑，2020（6）：91 - 95.

[24] 王佳钰，徐菲菲，严星雨，等. 野生动物旅游者价值观、共情态度与动物友好行为意向研究 [J]. 旅游学刊，2023，38（12）：14 - 25.

[25] 王群勇，赵玮，刘旭阳. 个体身份与环境保护：基于身份经济学的考察 [J]. 中国经济问题，2020（5）：43 - 54.

[26] 温忠麟，叶宝娟．中介效应分析：方法和模型发展 [J]．心理科学进展，2014，22 (5)：731 -745.

[27] 温忠麟，张雷，侯杰泰，等．中介效应检验程序及其应用 [J]．心理学报，2004，36 (5)：614 -620.

[28] 吴合显，罗康隆，彭兵．倡导与差距：对国外有关生态文明见解的梳理与再认识 [J]．原生态民族文化学刊，2015，7 (4)：44 -54.

[29] 吴明隆．结构方程模型：AMOS 的操作与应用 [M]．重庆：重庆大学出版社，2010.

[30] 杨盈，耿柳娜，相鹏，等．自然关联性：概念、测量、功能及干预 [J]．心理科学进展，2017，25 (8)：1360 -1374.

[31] 余晓婷，吴小根，张玉玲，等．游客环境责任行为驱动因素研究——以台湾为例 [J]．旅游学刊，2015，30 (7)：49 -59.

[32] 张玮，何贵兵．中国传统价值观和未来时间取向对环境保护行为的影响 [C] //增强心理学服务社会的意识和功能——中国心理学会成立 90 周年纪念大会暨第十四届全国心理学学术会议论文摘要集，2011.

[33] 赵敦华．西方哲学简史 [M]．北京：北京大学出版社，2000.

[34] 赵宗金，董丽丽，王小芳．地方依附感与环境行为的关系研究——基于沙滩旅游人群的调查 [J]．社会学评论，2013，1 (3)：76 -85.

[35] 周浩，龙立荣．共同方法偏差的统计检验与控制方法 [J]．心理科学进展，2004，12 (6)：942 -950.

[36] Abrahamse W, Steg L. Factors related to household energy use and intention to reduce it: the role of psychological and socio - demographic variables [J]. Human Ecology Review, 2011, 18 (1): 30 -40.

[37] Ajzen I. From intentions to actions: A theory of planned behavior [M] // Kuhl J, Beckmann J. Action - control: from cognition to behavior. Heidelberg: Springer, 1985: 11 -39.

[38] Ajzen I. The theory of planned behavior [J]. Organizational Behavior & Human Decision Processes, 1991, 50 (2): 179 -211.

[39] Ajzen I, Fishbein M. Understanding attitudes and predicting social

behavior [M]. Englewood Cliffs, NJ: Prentice – Hall, 1980.

[40] Alessa L, Bennett S M, Kliskey A D. Effects of knowledge, personal attribution and perception of ecosystem health on depreciative behaviors in the intertidal zone of Pacific Rim National Park and Reserve [J]. Journal of Environmental Management, 2003, 68 (2): 207 –218.

[41] Anable J, Lane B, Kelay T. An evidence base review of public attitudes to climate change and transport behavior [R]. Report to the department for transport. London: HMSO, 2006.

[42] Andersson L, Shivarajan S, Blau G. Enacting ecological sustainability in the MNC: a test of an adapted value – belief – norm framework [J]. Journal of Business Ethics, 2005, 59 (3): 295 –305.

[43] Aron A, Aron E N, Tudor M, et al. Close relationships as including other in the self [J]. Journal of Personality and Social Psychology, 1991, 60 (2): 241 –253.

[44] Axelrod L J, Lehman D R. Responding to environmental concerns: what factors guide individual action? [J]. Journal of Environmental Psychology, 1993, 13 (2): 149 –159.

[45] Baggio R. Oriental and occidental approaches to complex tourism systems [J]. Tourism Planning & Development, 2013, 10 (2): 217 –227.

[46] Bagozzi R P, Phillips L W. Representing and testing organizational theories: a holistic construal [J]. Administrative Science Quarterly, 1982, 27 (3): 459 –489.

[47] Bagozzi R P, Yi Y. On the evaluation of structural equation models [J]. Academic of Marketing Science, 1988, 16 (1): 74 –94.

[48] Bahja F, Alvarez S, Fyall A. A critique of (ECO) guilt research in tourism [C]. Annals of Tourism Research, 2022, 92 (C).

[49] Ballantyne R, Packer J, Hughes K. Environmental awareness, interests and motives of botanic gardens visitors: implications for interpretive practice [J]. Tourism Management, 2008, 29 (3): 439 –444.

[50] Ballantyne R, Packer J, Hughes K. Tourists' support for conservation messages and sustainable management practices in wildlife tourism experiences [J]. Tourism Management, 2009, 30 (5): 658 - 664.

[51] Bamberg S, Moser G. Twenty years after Hines, Hungerford, and-Tomera: a new meta - analysis of psycho - social determinants of pro - environmental behavior [J]. Journal of Environmental Psychology, 2007, 27 (1): 14 - 25.

[52] Bamberg S, Ajzen I, Schmidt P. Choice of travel mode in the theory of planned behavior: The roles of past behavior, habit, and reasoned action [J]. Basic and applied social psychology, 2003, 25 (3): 175 - 187.

[53] Barlett P F. Reason and reenchantment in cultural change: Sustainability in higher education [J]. Current Anthropology, 2008, 49 (6): 1077 - 1098.

[54] Baron R M, Kenny D A. The moderator - mediator variable distinction in social psychological research: Conceptual, strategic, and statistical considerations [J]. Journal of Personality and Social Psychology, 1986, 51 (6): 1173 - 1182.

[55] Bentler P M, Wu E J C. EQS/Windows User's Guide [M]. Los Angeles: BMDP Statisticcal Software, 1993.

[56] Bergin - Seers S, Mair J. Emerging green tourists in Australia: Their behaviours and attitudes [J]. Tourism and Hospitality Research, 2009, 9 (2): 109 - 119.

[57] Bickman L. Environmental attitudes and actions [J]. The Journal of social psychology, 1972, 87 (2): 323 - 324.

[58] Black J S, Stern P C, Elworth J T. Personal and contextual influences on household energy adaptations [J]. Journal of Applied Psychology, 1985, 70 (1): 3 - 21.

[59] Blake D E. Contextual effects of environmental attitudes and behavior [J]. Environment and Behavior, 2001, 33 (5): 708 - 725.

[60] Bond M H. The psychology of the Chinese people [M]. Hong Kong: The Chinese University Press, 2008.

[61] Borden RJ, Schettino A P. Determinants of environmentally responsible behavior [J]. The Journal of Environmental Education, 1979, 10 (4): 35 - 39.

[62] Bragg E A. Towards ecological self: deep ecology meets constructionist self - theory [J]. Journal of Environmental Psychology, 1996, 16 (2): 93 - 108.

[63] Bratt C. The impact of norms and assumed consequences on recycling behavior [J]. Environment and Behavior, 1999, 31 (5): 630 - 656.

[64] Brislin R W. Translation and content analysis of oral and written material [J]. Handbook of Cross - cultural Psychology, 1980, 2 (2): 349 - 444.

[65] Brown T, Ham S, Hughes M. Picking up litter: an application of theory - based communication to influence tourist behaviour in protected areas [J]. Journal of Sustainable Tourism, 2010, 18 (7): 879 - 900.

[66] Browne M W, Cudeck R. Alternative ways of assessing model fit [M] // Bollen K A, Long J S. Testing structural equation models. Newbury Park, CA: Sage, 1993: 136 - 162.

[67] Brügger A, Kaiser F G, Roczen N. One for all? Connectedness to nature, inclusion of nature, environmental identity, and implicit association with nature [J]. European Psychologist, 2001, 16 (4): 324 - 333.

[68] Bruyere B, Nash P E, Mbogella F. Predicting participation in environmental education by teachers in coastal regions of Tanzania [J]. The Journal of Environmental Education, 2001, 42 (3): 168 - 180.

[69] Buckley R, Cater C, Zhong L, et al. Shengtai luyou: Cross - cultural comparison in ecotourism [J]. Annals of Tourism Research, 2008, 35 (4): 945 - 968.

[70] Buttel F H. New directions in environmental sociology [J]. Annual Review of Sociology, 1987 (13): 465 - 488.

[71] Callero P L. Role - identity salience [J]. Social Psychology Quarterly, 1985 (48): 203 -215.

[72] Cameron J E. A three - factor model of social identity [J]. Self and Identity, 2004, 3 (3): 239 -262.

[73] Carmines E G, McIver J P. Analysing models with unobservable variables [M] //Bohrnstedt G W, Borgatta E E. Social measurement current issues. Beverly Hills, CA: Sage, 1981: 65 -115.

[74] Carrus G, Passafaro P, Bonnes M. Emotions, habits and rational choices in ecological behaviours: the case of recycling and use of public transportation [J]. Journal of Environmental Psychology, 2008, 28 (1): 51 -62.

[75] Carson R. Silent Spring [M]. New York: Houghton Mifflin, 1962.

[76] Chang L C. The effects of moral emotions and justifications on visitors' intention to pick flowers in a forest recreation area in Taiwan [J]. Journal of Sustainable Tourism, 2010, 18 (1): 137 -150.

[77] Chen C L. From catching to watching: moving towards quality assurance of whale/dolphin watching tourism in Taiwan [J]. Marine Policy, 2011, 35 (1): 10 -17.

[78] Chen M F, Tung P J. The moderating effect of perceived lack of facilities on consumers' recycling intentions [J]. Environment and Behavior, 2010, 42 (6): 824 -844.

[79] Cheng T M, Wu H C. How do environmental knowledge, environmental sensitivity, and place attachment affect environmentally responsible behavior? An integrated approach for sustainable island tourism [J]. Journal of Sustainable Tourism, 2015, 23 (4): 557 -576.

[80] Cheng T M, Wu H, Huang L M. The influence of place attachment on the relationship between destination attractiveness and environmentally responsible behavior for island tourism in Penghu, Taiwan [J]. Journal of Sustainable Tourism, 2013, 21 (8): 1166 -1187.

[81] Chiu Y T H, Lee W I, Chen T H. Environmentally responsible be-

havior in ecotourism: Antecedents and implications [J]. Tourism Management, 2014 (40): 321 -329.

[82] Christensen N, Rothberger H, Wood W, et al. Social norms and identity relevance: a motivational approach to normative behaviour [J]. Personality and Social Psychology Bulletin, 2004, 30 (10): 1295 -1309.

[83] Churchill G A. A paradigm for developing better measures of marketing construct [J]. Journal of Marketing Research, 1979, 16 (1): 64 -73.

[84] Cialdini R. Crafting normative messages to protect the environment [J]. Current Directions in Psychological Science, 2003, 12 (4): 105 -109.

[85] Clayton S. Environmental identity: a conceptual and operational definition [M] //Clayton S, Opotow S. Identity and the natural environment. Cambridge, MA: MIT Press, 2003: 45 -65.

[86] Clayton S. Environment and identity [M] //Clayton S. The Oxford handbook of environmental and conservation psychology. New York, NY: Oxford University Press, 2012: 164 -180.

[87] Clayton S, Opotow S. Identity and the natural environment [M]. Cambridge, MA: MIT Press, 2013.

[88] Cohen J. Statistical power analysis for the behavioral sciences [M]. 2nd ed. Hillsdale, NJ: Lawrence Erlbaum, 1998.

[89] Cook A J, Kerr G N, Moore K. Attitudes and intentions towards purchasing GM food [J]. Journal of Economic Psychology, 2002, 23 (5): 557 -572.

[90] Corbett J. Altruism, self - interest, and the reasonable person model of environmentally responsible behavior [J]. Science Communication, 2005, 26 (4): 368 -389.

[91] Cottrell S P. Influence of socio - demographics and environmental attitudes on general responsible environmental behaviour among recreational boaters [J]. Environment and Behaviour, 2003, 35 (3): 347 -375.

[92] Cottrell S P, Graefe A R. Testing a conceptual framework of respon-

sible environmental behavior [J]. The Journal of Environmental Education, 1997, 29 (1): 17 -27.

[93] Craik K H. Environmental psychology [J]. Annual Review of Psychology, 1973 (24): 402 -422.

[94] Crenna F, Michelini R C, Razzoli R P. Decision support aids for eco - reliable product - service delivery [J]. Procedia Technology, 2014 (16): 199 -205.

[95] Davis J L, Green J D, Reed A. Interdependence with the environment: Commitment, interconnectedness, and environmental behavior [J]. Journal of Environmental Psychology, 2009, 29 (2): 173 -180.

[96] Davis J L, Le B, Coy A E. Building a model of commitment to the natural environment to predict ecological behavior and willingness to sacrifice [J]. Journal of Environmental Psychology, 2011, 31 (3): 257 -265.

[97] Dolnicar S, Grün B. Environmentally friendly behavior: Can heterogeneity among individuals and contexts/environments be harvested for improved sustainable management?[J]. Environment and Behavior, 2009, 41 (5): 693 - 714.

[98] Donohoe H M, Lu X. Universal tenets or diametrical differences? An analysis of ecotourism definitions from China and abroad [J]. International Journal of Tourism Research, 2009, 11 (4): 357 -372.

[99] Doran R, Larsen S. The Relative importance of social and personal norms in explaining intentions to choose eco - friendly travel options [J]. International Journal of Tourism Research, 2016, 18 (2): 159 -166.

[100] Dunlap R E, Scarce R. Poll trends: environmental problems and protection [J]. The Public Opinion Quarterly, 1991, 55 (4): 651 -672.

[101] Dunlap R E, VanLiere K D. The "new environmental paradigm" [J]. The Journal of Environmental Education, 1978, 9 (4): 10 -19.

[102] Dunlap R, Van Liere K, Mertig A, et al. Measuring endorsement of the new ecological paradigm: a revised NEP scale [J]. Journal of Social

Issues, 2005, 56 (3): 425 -442.

[103] Dutcher D D, Finley J C, Luloff A E, et al. Connectivity with nature as a measure of environmental values [J]. Environment and Behavior, 2007, 39 (4): 474 -493.

[104] Ebreo A, Vining J, Cristancho S. Responsibility for environmental problems and the consequences of waste reduction: a test of the norm - activation model [J]. Journal of Environmental Systems, 2003, 29 (3): 219 -244.

[105] Elvin M. The Pattern of the Chinese Past [M]. Stamford: Stamford University Press, 1973.

[106] Esfandiar K, Pearce J, Dowling R. Personal norms and pro - environmental binning behaviour of visitors in national parks: the development of a conceptual framework [J]. Tourism Recreation Research, 2019, 44 (2): 163 - 177.

[107] Evans J S B T, Stanovich K E. Dual - process theories of higher cognition: advancing the debate [J]. Perspectives on Psychological Science, 2013, 8 (3): 223 -241.

[108] Fekadu Z, Kraft P. Self - identity in planned behavior perspective: past behavior and its moderating effects on self - identity - intention relations [J]. Social Behavior and Personality, 2001, 29 (7): 671 -686.

[109] Fielding K S, McDonald R, Louis W R. Theory of planned behaviour, identity and intentions to engage in environmental activism [J]. Journal of Environmental Psychology, 2008, 28 (4): 318 -326.

[110] Fishbein M, Ajzen I. Belief, attitude, intention, and behavior: an introduction to theory and research [M]. Reading, MA: Addison - Wesley, 1975.

[111] Fornell C, Larcker F. Evaluating structural equation models with unobservable variables and measurement error [J]. Journal of Marketing Research, 1981, 18 (1): 39 -50.

[112] Frey B S. Not just for the money. An economic theory of personal

motivation [M]. Brookfield: Edward Elgar Publishing, 1997.

[113] Fritz M S, MacKinnon D P. Required sample size to detect the mediated effect [J]. Psychological Science, 2007, 18 (3): 233 -239.

[114] Galley G, Clifton J. The motivational and demographic characteristics of research ecotourists: Operation Wallacea volunteers in Southeast Sulawesi, Indonesia [J]. Journal of Ecotourism, 2004, 3 (1): 69 -82.

[115] Gardner G T, Stern P C. Environmental problems and human behavior [M]. Boston: Allyn and Bacon, 1996.

[116] Gatersleben B, Murtagh N, Abrahamse W. Values, identity and pro - environmental behaviour [J]. Contemporary Social Science, 2014, 9 (4): 374 -392.

[117] Gatersleben B, Steg L, Vlek C. Measurement and determinants of environmentally significant consumer behaviour [J]. Environment and Behavior, 2002, 34 (3): 335 -362.

[118] Gosling E, Williams K. Connectedness to nature, place attachment and conservation behavior: testing connectedness theory among farmers [J]. Journal of Environmental Psychology, 2010, 30 (3): 298 -304.

[119] Hair J F, Black W C, Babin B J, et al. Multivariate data analysis [M]. 7th ed. New Jersey: Pearson Prentice Hall, 2010.

[120] Halpenny E A. Environmental behaviour, place attachment and park visitation: A case study of visitors to Point Pelee National Park [D]. Waterloo, ON: University of Waterloo, 2006.

[121] Halpenny E A. Pro - environmental behaviors and park visitors: The effect of place attachment [J]. Journal of Environmental Psychology, 2010, 30 (4): 409 -421.

[122] Han H, Kim Y. An investigation of green hotel customers' decision formation: developing an extended model of the theory of planned behavior [J]. International Journal of Hospitality Management, 2010, 29 (4): 659 -668.

[123] Han H, Hsu L T J, Sheu C. Application of the theory of planned

behavior to green hotel choice: Testing the effect of environmental friendly activities [J]. Tourism Management, 2010, 31 (3): 325 -334.

[124] Harland P, Staats H, Wilke H. Explaining proenvironmental intention and behavior by personal norms and the theory of planned behavior [J]. Journal of Applied Social Psychology, 1999, 29 (12): 2505 -2528.

[125] Hartig T, Mang M, Evans G W. Restorative effects of natural environment experiences [J]. Environment and behaviour, 1991, 23 (1): 3 -26.

[126] Hatty M A, Smith L D G, Goodwin D, et al. The CN - 12: A brief, multidimensional connection with nature instrument [J]. Frontiers in Psychology, 2020 (11): 1566.

[127] Hayes A F, Scharkow M. The relative trustworthiness of inferential tests of the indirect effect in statistical mediation analysis: does method really matter? [J]. Psychological Science, 2013, 24 (10): 1918 -1927.

[128] He J, Cai X, Li G, et al. Volunteering and pro - environmental behavior: the relationships of meaningfulness and emotions in protected areas [J]. Journal of Sustainable Tourism, 2024, 32 (2): 304 -321.

[129] Hinds J, Sparks P. Engaging with the natural environment: the role of affective connection and identity [J]. Journal of Environmental Psychology, 2008 (28): 109 -120.

[130] Hines J M, Hungerford H R, Tomera A N. Analysis and synthesis of research on responsible environmental behavior: a meta - analysis [J]. The Journal of Environmental Education, 1987, 18 (2): 1 -8.

[131] Holbert R L, Stephenson M T. The importance of indirect effects in media effects research: testing for mediation in structural equation modeling [J]. Journal of Broadcasting & Electronic Media, 2003, 47 (4): 556 -572.

[132] Hopper J, Nielson J. Recycling as altruistic behavior: normative and behavioral strategies to expand participation in a community recycling program [J]. Environment and Behavior, 1991, 23 (2): 195 -220.

[133] Howell A J, Dopko R L, Passmore H A, et al. Nature connected-

ness: associations with well - being and mindfulness [J]. Personality and Individual Differences, 2011, 51 (2): 166 - 171.

[134] Howell S E, Laska S B. The changing face of the environmental coalition: a research note [J]. Environment and Behavior, 1992, 24 (1): 134 - 144.

[135] Hsu C H, Huang S S. An extension of the theory of planned behavior model for tourists [J]. Journal of Hospitality & Tourism Research, 2012, 36 (3): 390 - 417.

[136] Hudson S, Ritchie J R B. Cross - cultural tourist behavior: an analysis of tourist attitudes towards the environment [J]. Journal of Travel & Tourism Marketing, 2001, 10 (2 - 3): 1 - 22.

[137] Hungerford H R, Volk T L. Changing learner behavior through environmental education [J]. Journal of Environmental Education, 1990, 21 (3): 8 - 21.

[138] Jacobs T P, McConnell A R. Self - transcendent emotion dispositions: greater connections with nature and more sustainable behavior [J]. Journal of Environmental Psychology, 2002 (81): 101797.

[139] Johnson C Y, Bowker J M, Cordell H K. Ethnic variation in environmental belief and behavior an examination of the new ecological paradigm in a social psychological context [J]. Environment and Behavior, 2004, 36 (2): 157 - 186.

[140] Jorgensen B S, Stedman R C. Sense of place as an attitude: Lakeshore owners attitudes toward their properties [J]. Journal of environmental psychology, 2001, 21 (3): 233 - 248.

[141] Kaiser F G, Shimoda T A. Responsibility as a predictor of ecological behaviour [J]. Journal of Environmental Psychology, 1999, 19 (3): 243 - 253.

[142] Kaiser F, Wolfing S, Fuhrer U. Environmental attitude and ecological behavior [J]. Journal of Environmental Psychology, 1999 (19): 1 - 19.

[143] Kallgren C A, Reno R R, Cialdini R B. A focus theory of normative conduct: When norms do and do not affect behaviour [J]. Personality and Social Psychology Bulletin, 2000, 26 (8): 1002 – 1012.

[144] Kals E, Schumacher D, Montada L. Emotional affinity toward nature as a motivational basis to protect nature [J]. Environment and Behavior, 1999, 31 (2): 178 – 202.

[145] Kanchanapibul M, Lacka E, Wang X, et al. An empirical investigation of green purchase behaviour among the young generation [J]. Journal of Cleaner Production, 2014 (66): 528 – 536.

[146] Kang M, Moscardo G. Exploring cross – cultural differences in attitudes towards responsible tourist behaviour: a comparison of Korean, British and Australian tourists [J]. Asia Pacific Journal of Tourism Research, 2006, 11 (4): 303 – 320.

[147] Kellert S R, Wilson E O. The biophilia hypothesis [M]. Washington, D. C.: Island Press, 1993.

[148] Kerstetter D L, Hou J S, Lin C H. Profiling Taiwanese ecotourists using a behavioral approach [J]. Tourism Management, 2004, 25 (4): 491 – 498.

[149] Kil N, Holland S M, Stein T V. Structural relationships between environmental attitudes, recreation motivations, and environmentally responsible behaviors [J]. Journal of Outdoor Recreation and Tourism, 2014 (7 – 8): 16 – 25.

[150] Kim J H. The antecedents of memorable tourism experiences: the development of a scale to measure the destination attributes associated with memorable experiences [J]. Tourism Management, 2014 (44): 34 – 45.

[151] Kim J H, Ritchie J R B, McCormick B. Development of a scale to measure memorable tourism experiences [J]. Journal of Travel Research, 2012, 51 (1): 12 – 25.

[152] Kline R B. Principles and practice of structural equation modeling

[M]. New York: The Guilford Press, 1998.

[153] Kollmuss A, Agyeman J. Mind the gap: why do people act environmentally and what are the barriers to pro – environment behavior? [J]. Environmental Education Research, 2002, 8 (3): 239 – 260.

[154] Latif B, Gunarathne N, Gaskin J, et al. Environmental corporate social responsibility and pro – environmental behavior: the effect of green shared vision and personal ties [J]. Resources, Conservation & Recycling, 2002 (186): 106572.

[155] Lee T H. How recreation involvement, place attachment and conservation commitment affect environmentally responsible behavior [J]. Journal of Sustainable Tourism, 2011, 19 (7): 895 – 915.

[156] Lee T H, Jan F H, Yang C C. Conceptualizing and measuring environmentally responsible behaviors from the perspective of community – based tourists [J]. Tourism Management, 2013 (36): 454 – 468.

[157] Leopold A. A sand county almanac: with essays on conservation from Round River [M]. New York, NY: Ballantine Books, 1949.

[158] Li F M S. Culture as a major determinant in tourism development of China [J]. Current Issues in Tourism, 2008, 11 (6): 493 – 514.

[159] Lin F, Cheng T C E. The structural theory of general systems applied in management: the total relationship flow management theorems [J]. International Journal of General Systems, 2007, 36 (6): 673 – 681.

[160] Lin F, Cheng T C E, Huang C, et al. Developing an organization design framework and sample based on the total relationship flow management theorems [J]. Systems, Man, and Cybernetics: Systems, IEEE Transactions, 2013, 43 (6): 1466 – 1476.

[161] Liu J, Qu H, Huang D, et al. The role of social capital in encouraging residents' pro – environmental behaviors in community – based ecotourism [J]. Tourism Management, 2014 (41): 190 – 201.

[162] Loureiro S M C, Guerreiro J, Han H. Past, present, and future

of pro – environmental behavior in tourism and hospitality: a text – mining approach [J]. Journal of Sustainable Tourism, 2022, 30 (1): 258 – 278.

[163] MacInnes S, Grün B, Dolnicar S. Habit drives sustainable tourist behavior [J]. Annals of Tourism Research, 2021 (92): 103329.

[164] MacKinnon D P, Fritz M S, Williams J, et al. Distribution of the product confidence limits for the indirect effect: Program PRODCLIN [J]. Behavior research methods, 2007, 39 (3): 384 – 389.

[165] MacKinnon D P, Lockwood C M, Williams J. Confidence limits for the indirect effect: distribution of the product and resampling methods [J]. Multivariate behavioral research, 2004, 39 (1): 99 – 128.

[166] MacKinnon D P, Lockwood C M, Hoffman J M, et al. A comparison of methods to test mediation and other intervening variable effects [J]. Psychological Methods, 2002, 7 (1): 83 – 104.

[167] Manstead A S R. The role of moral norm in the attitude – behavior relationship [M] //Terry D J, Hogg M A. Attitudes, behavior, and social context: The role of norms and group membership. Mahwah, NJ: Lawrence Erlbaum, 2000.

[168] Markus H, Kitayama S. Culture and the self: implications for cognition, emotion, and motivation [J]. Psychological Review, 1991, 98 (2): 224 – 253.

[169] Marsh H W, Balla J R. Goodness of fit in confirmatory factor analysis: the effect of sample size and model parsimony [J]. Quality & Quantiity, 1994, 28 (2): 185 – 217.

[170] Matthies E, Kuhn S, Klöckner C A. Travel mode choice of women: the result of limitation, ecological norm, or weak habit? [J]. Environment and behavior, 2002, 34 (2): 163 – 177.

[171] Mayer F S, Frantz M. The connectedness to nature scale: a measure of individuals' feeling in community with nature [J]. Journal of Environmental Psychology, 2004, 24 (4): 503 – 515.

[172] McAdams D P. What do we know when we know a person? [J]. Journal of Personality, 1995, 63 (3): 365 –396.

[173] McKercher B, Tse T S M. Is intention to return a valid proxy for actual repeat visitation? [J]. Journal of Travel Research, 2012, 51 (6): 671 –686.

[174] Mehmetoglu M. Factors influencing the willingness to behave environmentally friendly at home and holiday settings [J]. Scandinavian Journal of Hospitality and Tourism, 2010, 10 (4): 430 –447.

[175] Meis – Harris J, Borg K, Jorgensen B S. The construct validity of the multidimensional AIMES connection to nature scale: measuring human relationships with nature [J]. Journal of Environmental Management, 2021 (280): 111695.

[176] Milfont T L. Cultural differences in environmental engagement [M] //Clayton S. The Oxford handbook of environmental and conservation psychology. New York, NY: Oxford University Press, 2012: 181 –200.

[177] Miller G, Rathouse K, Scarles C, et al. Public understanding of sustainable tourism [J]. Annals of Tourism Research, 2010, 37 (3): 627 – 645.

[178] Morrison R. Eco civilization 2140: a 22nd century history and survivor's journal [M]. Writer's Publishing Cooperative, Inc. , 2006.

[179] Murphy S T, Zajonc R B. Affect, cognition, and awareness: affective priming with optimal and suboptimal stimulus exposures [J]. Journal of Personality & Social Psychology, 1993, 64 (5): 723 –739.

[180] Naess A. The shallow and the deep, long – range ecology movement: a summary [J]. Inquiry, 1973, 16 (1 –4): 95 –100.

[181] Netemeyer R G, Bearden W, Sharma S. Scaling procedures: issues and applications [M]. Thousand Oaks, CA: Sage, 2003.

[182] Nigbur D, Lyons E, Uzzell D. Attitudes, norms, identity and environmental behaviour: using an expanded theory of planned behaviour to predict

participation in a kerbside recycling programme [J]. British Journal of Social Psychology, 2010, 49 (2): 259 - 284.

[183] Nisbet E K, Zelenski J M, Murphy S A. The nature relatedness scale: linking individuals' connection with nature to environmental concern and behavior [J]. Environment and Behavior, 2009, 41 (5): 715 - 740.

[184] Nisbet E K, Zelenski J M, Murphy S A. Happiness is in our nature: exploring nature relatedness as a contributor to subjective well - being [J]. Journal of Happiness Studies, 2011, 12 (2): 303 - 322.

[185] Nordlund A M, Garvill J. Value structures behind pro - environmental behavior [J]. Environment and Behavior, 2002, 34 (6): 740 - 756.

[186] Olivos P, Aragonés J. Psychometric properties of the Environmental Identity Scale (EID) [J]. Bilingual Journal of Environmental Psychology, 2011, 2 (1): 65 - 74.

[187] Olson J M, Zanna M P. Attitudes and attitude change [J]. Annual Review of Psychology, 1993, 44 (1): 117 - 154.

[188] Ong T F, Musa G. An examination of recreational divers' underwater behaviour by attitude - behaviour theories [J]. Current Issues in Tourism, 2011, 14 (8): 779 - 795.

[189] Onwezen M C, Antonides G, Bartels J. The norm activation model: an exploration of the functions of anticipated pride and guilt in pro - environmental behaviour [J]. Journal of Economic Psychology, 2013 (39): 141 - 153.

[190] Oom Do Valle P, Rebelo E, Reis E, et al. Combining behavioral theories to predict recycling involvement [J]. Environment and Behavior, 2005, 37 (3): 364 - 396.

[191] Opotow S. Predicting protection: scope of justice and the natural world [J]. Journal of Social Issues, 1994, 50 (3): 49 - 63.

[192] Oreg S, Katz - Gerro T. Predicting proenvironmental behavior cross - nationally values, the theory of planned behavior, and value - belief - norm the-

ory [J]. Environment and Behavior, 2006, 38 (4): 462 -483.

[193] Oskamp S. Psychology of promoting environmentalism: psychological contributions to achieving an ecologically sustainable future for humanity [J]. Journal of Social Issues, 2000, 56 (3): 373 -390.

[194] Parker D, Manstead A S R, Stradling S G. Extending the theory of planned behaviour: the role of personal norm [J]. British Journal of Social Psychology, 1995, 34 (2): 127 -137.

[195] Pearce J, Huang S S, Dowling R K, et al. Effects of social and personal norms, and connectedness to nature, on pro - environmental behavior: a study of Western Australian protected area visitors [J]. Tourism Management Perspectives, 2002 (42): 100966.

[196] Perkins D D, Long A D. Neighbourhood sense of community and social capital: a multi - level analysis [M] //Fischer A, Sonn C, Bishop B. Psychological sense of community: research, applications and implications. New York: Plenum Press, 2002: 291 -318.

[197] Perkins H E. Measuring love and care for nature [J]. Journal of Environmental Psychology, 2010, 30 (4): 455 -463.

[198] Perrin J L, Benassi V A. The connectedness to nature scale: a measure of emotional connection to nature? [J]. Journal of Environmental Psychology, 2009, 29 (4): 434 -440.

[199] Pierro A, Mannetti L, Livi S. Self - identity and the theory of planned behavior in the prediction of health behavior and leisure activity [J]. Self and Identity, 2003, 2 (1): 47 -60.

[200] Podsakoff P M, MacKenzie S B, Lee J Y, et al. Common method biases in behavioral research: a critical review of the literature and recommended remedies [J]. Journal of Applied Psychology, 2003, 88 (5): 879 -903.

[201] Preacher K J, Hayes A F. SPSS and SAS procedures for estimating indirect effects in simple mediation models [J]. Behavior Research Methods, Instruments, & Computers, 2004, 36 (4): 717 -731.

[202] Prillwitz J, Barr S. Moving towards sustainability? Mobility styles, attitudes and individual travel behaviour [J]. Journal of Transport Geography, 2011, 19 (6): 1590 - 1600.

[203] Puhakka R. Environmental concern and responsibility among nature tourists in Oulanka National Park, Finland [J]. Scandinavian Journal of Hospitality and Tourism, 2011, 11 (1): 76 - 96.

[204] Ramkissoon H, Smith L D G, Weiler B. Relationships between place attachment, place satisfaction, and pro - environmental behaviour in an Australian National Park [J]. Journal of Sustainable Tourism, 2013a, 21 (3): 434 - 457.

[205] Ramkissoon H, Smith L D G, Weiler B. Testing the dimensionality of place attachment and its relationships with place satisfaction and pro - environmental behaviours: a structural equation modelling approach [J]. Tourism Management, 2013b (36): 552 - 566.

[206] Ramkissoon H, Weiler B, Smith L D G. Place attachment and pro - environmental behaviour in national parks: the development of a conceptual framework [J]. Journal of Sustainable Tourism, 2012, 20 (2): 257 - 276.

[207] Ramkissoon H, Weiler B, Smith L D G. Place attachment, place satisfaction and pro - environmental behaviour a comparative assessment of multiple regression and structural equation modelling [J]. Journal of Policy Research in Tourism, Leisure & Events, 2013, 5 (3): 215 - 232.

[208] Raykov T, Marcoulides G A. A method for comparing completely standardized solutions in multiple groups [J]. Structural equation modeling, 2000, 7 (2): 292 - 308.

[209] Raymond C M, Brown G, Robinson G M. The influence of place attachment, and moral and normative concerns on the conservation of native vegetation: a test of two behavioural models [J]. Journal of Environmental Psychology, 2011, 31 (4): 323 - 335.

[210] Restall B, Conrad E. A literature review of connectedness to nature

and its potential for environmental management [J]. Journal of environmental management, 2015 (159): 264 – 278.

[211] Roberts J A, Bacon D R. Exploring the subtle relationships between environmental concern and ecologically conscious consumer behavior [J]. Journal of Business Research, 1997, 40 (1): 79 – 89.

[212] Roszak T. Where psyche meets Gaia [M] //Roszak T, Gomes M E, Kanner A D. Ecopsychology: restoring the earth, healing the mind. San Francisco, CA: Sierra Club Books, 1995: 1 – 20.

[213] Rusbult C E. Commitment and satisfaction in romantic associations: a test of the investment model [J]. Journal of Experimental Social Psychology, 1980, 16 (2): 172 – 186.

[214] Saunders C D. The emerging field of conservation psychology [J]. Human Ecology Review, 2003, 10 (2): 137 – 149.

[215] Schultz P W. The structure of environmental concern: concern for self, other people, and the biosphere [J]. Journal of Environmental Psychology, 2001, 21 (4): 327 – 339.

[216] Schultz P W. Inclusion with nature: The psychology of human – nature relations [M] //Schmuck P, Schultz W P. Psychology of sustainable development. Dordrecht: Kluwer Academic Publishers, 2002.

[217] Schultz P W, Tabanico J. Self, identity, and the natural environment: exploring implicit connections with nature [J]. Journal of Applied Social Psychology, 2007, 37 (6): 1219 – 1247.

[218] Schultz P W, Shriver C, Tabanico J, et al. Implicit connections with nature. Journal of Environmental Psychology, 2004, 24 (1): 31 – 42.

[219] Schwartz S H. Normative explanations of helping behaviour: a critique, proposal, and empirical test [J]. Journal of experimental Social Psychology, 1973, 9 (4): 349 – 364.

[220] Schwartz S H. Normative influences on altruism [M] //Berkowitz L. Advances in experimental social psychology (Vol. 10). New York: Academ-

ic Press, 1977: 221 - 279.

[221] Schwartz S H. Universals in the content and structure of values: theory and empirical tests in 20 countries [M] //Zanna M. Advances in experimental social psychology (Vol. 25). New York: Academic Press, 1992: 1 - 65.

[222] Schwartz S H, Howard J A. Explanations of the moderating effect of responsibility denial on the personal norm - behavior relationship [J]. Social Psychology Quarterly, 1980, 43 (4): 441 - 446.

[223] Shaw D, Shiu E, Clarke I. The contribution of ethical obligation and self - identity to the theory of planned behaviour: an exploration of ethical consumers [J]. Journal of Marketing Management, 2000, 16 (8): 879 - 894.

[224] Shepard P. The others: How animals made us human [M]. Washington D. C.: Island Press, 1996.

[225] Sivek D J, Hungerford H. Predictors of responsible behavior in members of Wisconsin Conservation Organizations [J]. The Journal of Environmental Education, 1990, 21 (2): 35 - 40.

[226] Smith - Sebasto N J, D'Costa A. Designing a Likert - type scale to predict environmentally responsible behavior in undergraduate students: a multistep process [J]. Journal of Environmental Education, 1995, 27 (1): 14 - 20.

[227] So K K F, King C, Sparks B. Customer engagement with tourism brands: scale development and validation [J]. Journal of Hospitality & Tourism Research, 2014, 38 (3): 304 - 329.

[228] Sobel M E. Asymptotic confidence intervals for indirect effects in structural equation models [J]. Sociological methodology, 1982 (13): 290 - 312.

[229] Sofield T, Li F M S. Processes in formulating an ecotourism policy for nature reserves in Yunnan Province, China [M] //Fennell D, Dowling R. Ecotourism: policy and strategy issues. London: CABI Publishing, 2003: 141 - 167.

[230] Sofield T, Li F M S. China: Ecotourism and cultural tourism—Harmony or dissonance? [M] //Higham J. Critical issues in ecotourism: confronting the challenges. London: Elsevier Science & Butterworth Heinemann, 2007: 368 -385.

[231] Sparks P, Shepherd R. Self - identity and the theory of planned behaviour: assessing the role of identification with green consumerism [J]. Social Psychology Quarterly, 1992, 55 (4): 388 -399.

[232] Stanovich K E, West R F. Individual difference in reasoning: implications for the rationality debate? [J]. Behavioral and Brain Sciences, 2000, 23 (5): 645 -726.

[233] Stedman R C. Toward a social psychology of place: predicting behavior from place - based cognitions, attitude and identity [J]. Environment and Behavior, 2002, 34 (5): 561 -581.

[234] Steg L. Car use: lust and must. Instrumental, symbolic and affective motives for car use [J]. Transportation Research Part A: Policy and Practice, 2005, 39 (2): 147 -162.

[235] Steg L, Vlek C. Encouraging pro - environmental behaviour: an integrative review and research agenda [J]. Journal of Environmental Psychology, 2009, 29 (3): 309 -317.

[236] Steg L, Dreijerink L, Abrahamse W. Factors influencing the acceptability of energy policies: a test of VBN theory [J]. Journal of Environmental Psychology, 2005, 25 (4): 415 -425.

[237] Steg L, Perlaviciute G, Van der Werff E, Lurvink J. The significance of hedonic values for environmentally relevant attitudes, preferences, and actions [J]. Environment and Behavior, 2014, 46 (2): 163 -192.

[238] Stern P C. Toward a working definition of consumption for environmental research and policy [M] //Stern P C, Dietz T, Ruttan V R, et al. Environmentally significant consumption: research directions. Washington, DC: National Academy Press, 1997: 12 -35.

［239］ Stern P C. Toward a coherent theory of environmentally significant behavior ［J］. Journal of Social Issues, 2000, 56 (3): 407 -424.

［240］ Stern P C, Dietz T. The value basis of environmental concern ［J］. Journal of Social Issues, 1994, 50 (3): 65 -84.

［241］ Stern P C, Gardner G T. Psychological research and energy policy ［J］. American Psychologist, 1981, 36 (4): 329 -342.

［242］ Stern P C, Dietz T, Black J S. Support for environmental protection: the role of moral norms ［J］. Population and Environment, 1986, 8 (3 -4): 204 -22.

［243］ Stern P C, Dietz T, Guagnano G A. The new ecological paradigm in ocial - psychological context ［J］. Environment and Behaviour, 1995, 27 (6): 723 -743.

［244］ Stern P C, Dietz T, Kalof L. Value orientations, gender, and environmental concern ［J］. Environment & Behavior, 1993, 25 (5): 322 -348.

［245］ Stern P C, Dietz T, Abel T, et al. A value - belief - norm theory of support for social movements: the case of environmental concern ［J］. Human Ecology Review, 1999, 6 (2): 81 -97.

［246］ Stets J E, Biga C F. Bringing identity theory into environmental sociology ［J］. Sociological Theory, 2003, 21 (4): 398 -423.

［247］ Stewart A M, Craig J L. Predicting pro - environmental attitudes and behaviors: a model and a test ［J］. Journal of Environmental Systems, 2001, 28 (4): 293 -317.

［248］ Stryker S. Identity salience and role performance: the importance of symbolic interaction theory for family research ［J］. Journal of Marriage and the Family, 1968 (30): 558 -564.

［249］ Stryker S. Toward an adequate social psychology of the self ［J］. Contemporary Sociology, 1980, 9 (3): 383 -385.

［250］ Stryker S. Identity theory: developments and extensions ［M］ // Yardley K, Honess T. Self and identity: psychosocial perspectives. New York:

Wiley, 1987: 89 - 103.

[251] Stryker S, Burke P J. The past, present, and future of an identity theory [J]. Social Psychology Quarterly, 2000, 63 (4): 284 - 297.

[252] Tacey D. Reenchantment: the new Australian spirituality [M]. New York, NY: Harper Collins, 2000.

[253] Tajfel H. Differentiation between social groups: studies in the social psychology of intergroup relations [M]. Oxford, UK: Academic Press, 1978.

[254] Tajfel H. Social identity and intergroup relations [M]. Cambridge, UK: Cambridge University Press, 1982.

[255] Tam K P. Concepts and measures related to connection to nature: similarities and differences [J]. Journal of Environmental Psychology, 2013 (34): 64 - 78.

[256] Terry D J, Hogg M A. Group norms and the attitude - behavior relationship: A role for group identification [J]. Personality and Social Psychology Bulletin, 1996, 22 (8): 776 - 793.

[257] Terry D J, Hogg M A, White K M. The theory of planned behaviour: self - identity, social identity and group norms [J]. British Journal of Social Psychology, 1999, 38 (3): 225 - 244.

[258] Thapa B. The mediation effect of outdoor recreation participation on environmental attitude - behavior correspondence [J]. The Journal of Environmental Education, 2010, 41 (3): 133 - 150.

[259] Thøgersen J. Direct experience and the strength of the personal norm - behavior relationship [J]. Psychology & Marketing, 2002, 19 (10): 881 - 893.

[260] Thøgersen J. How may consumer policy empower consumers for sustainable lifestyles? [J]. Journal of Consumer Policy, 2005, 28 (2): 143 - 178.

[261] Thøgersen J. Norms for environmentally responsible behaviour: an extended taxonomy [J]. Journal of Environmental Psychology, 2006, 26 (4):

247 – 261.

[262] Thøgersen J. The motivational roots of norms for environmentally responsible behavior [J]. Basic and Applied Social Psychology, 2009, 31 (4): 348 – 362.

[263] Tosun C. Limits to community participation in the tourism development process in developing countries [J]. Tourism Management, 2000, 21 (6): 613 – 633.

[264] Van der Werff E, Steg L, Keizer K. It is a moral issue: the relationship between environmental self – identity, obligation – based intrinsic motivation and pro – environmental behaviour [J]. Global Environmental Change, 2013a, 23 (5): 1258 – 1265.

[265] Van der Werff E, Steg L, Keizer K. The value of environmental self – identity: the relationship between biospheric values, environmental self – identity and environmental preferences, intentions and behaviour [J]. Journal of Environmental Psychology, 2013b (34): 55 – 63.

[266] VanLiere K, Dunlap R. Moral norms and environmental behavior: an application of Schwartz's norm – activation model to yard burning [J]. Journal of Applied Social Psychology, 1978, 8 (2): 174 – 188.

[267] Vaske J J, Donnelly M P. A value – attitude – behavior model predicting wildland preservation voting intentions [J]. Society & Natural Resources, 1999, 12 (6): 523 – 537.

[268] Vaske J J, Kobrin K C. Place attachment and environmentally responsible behavior [J]. The Journal of Environmental Education, 2001, 32 (4): 16 – 21.

[269] Whitburn J, Linklater W, Abrahamse W. Meta – analysis of human connection to nature and proenvironmental behavior [J]. Conservervation Biology, 2019, 34 (1): 180 – 193.

[270] Whitmarsh L, O'Neill S. Green identity, green living? The role of pro – environmental self – identity in determining consistency across diverse pro –

environmental behaviours [J]. Journal of Environmental Psychology, 2010, 30 (3): 305-314.

[271] Wilson E O. Biophilia [M]. Cambridge, Mass.: Harvard University Press, 1984.

[272] Xu H, Cui Q, Sofield T, et al. Attaining harmony: understanding the relationship between ecotourism and protected areas in China [J]. Journal of Sustainable Tourism, 2014, 22 (8): 1131-1150.

[273] Zajonc R B. Feeling and thinking: Preferences need no inferences [J]. American Psychologist, 1980, 35 (2): 151-175.

[274] Zajonc R B. On the primacy of affect [J]. American Psychologist, 1984, 39 (2): 117-123.

[275] Zhang Y, Zhang H L, Zhang J, et al. Predicting residents' pro-environmental behaviors at tourist sites: the role of awareness of disaster's consequences, values, and place attachment [J]. Journal of Environmental Psychology, 2014 (40): 131-146.

图书在版编目（CIP）数据

城市湿地公园可持续管理研究 ：基于游客自然联结的视角 / 刘志宏著 . -- 北京 ：经济科学出版社，2024. 6

（现代服务管理研究丛书）

ISBN 978 -7 -5218 -5932 -4

Ⅰ. ①城… Ⅱ. ①刘… Ⅲ. ①城市 - 沼泽化地 - 公园 - 管理 - 研究 - 中国 Ⅳ. ①TU986. 62

中国国家版本馆 CIP 数据核字(2024)第 106518 号

责任编辑：初少磊　尹雪晶
责任校对：蒋子明
责任印制：范　艳

城市湿地公园可持续管理研究：基于游客自然联结的视角

刘志宏　著

经济科学出版社出版、发行　新华书店经销

社址：北京市海淀区阜成路甲 28 号　邮编：100142

总编部电话：010 - 88191217　发行部电话：010 - 88191522

网址：www. esp. com. cn

电子邮箱：esp@ esp. com. cn

天猫网店：经济科学出版社旗舰店

网址：http：//jjkxcbs. tmall. com

北京季蜂印刷有限公司印装

710 × 1000　16 开　12. 25 印张　180000 字

2024 年 6 月第 1 版　2024 年 6 月第 1 次印刷

ISBN 978 - 7 - 5218 - 5932 - 4　定价：50. 00 元

（图书出现印装问题，本社负责调换。电话：010 - 88191545）